KB140536

우리가 몰랐던

유전이야기

우리가 몰랐던

유전 이야기

정계준

저자의 말

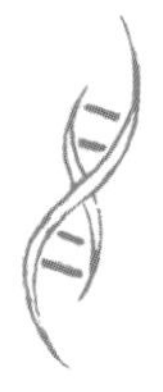

모든 생물은 형질을 결정하는 유전자를 가지며 이 유전자의 지배를 받는다. 유전자는 생물 자신의 형질을 결정할 뿐만 아니라 후손에게 전달되어 후손의 형질 결정에도 참여한다. 생명체는 수명이 유한하여 언젠가는 죽게 되지만 유전자는 지속적으로 후손에게 전달되므로 어쩌면 영생할 수 있는 존재라고도 할 수 있다. 생물이 자신의 유전자를 후대에 남기기 위해 거의 필사적으로 후손을 낳아 기르며 후손의 번성을 위해 온 힘을 쏟는 것 같지만 생각하기 따라서는 유전자가 생물 개체를 조종하여 유전자를 지속적으로 퍼뜨리고 후대에 전달하도록 한다고 생각할 수도 있다. 이렇게 생물이 유전자에 의해 조종되며 유전자의 지시에 따라 움직이는 존재에 불과하다는 의미에서 생물체를 '유전자의 노예'라 부르기도 한다. 많은 생물의 오묘한 생존과 번식 방법

등을 알게 되면 '유전자의 노예'란 말이 결코 과장된 말이 아니라는 생각도 들게 된다.

필자는 대학 강단에서 삼십여 년 동안 유전학을 가르쳐왔다. 학생들은 복잡한 유전자와 DNA의 구조 및 유전자의 발현과 전달 등의 유전 원리를 공부하는 데 대부분의 시간을 쏟고 있기 때문에 유전학은 너무 어려운 과목이자 분야라고 인식하는 것 같다. 이처럼 유전학을 어려워하는 사람들에게 쉽게 유전학 이야기를 풀어나갈 수는 없을까 생각하며, 우리 주변 일상에서 일어나는 많은 일을 유전학의 원리에 입각하여 '왜 그럴까?'하고 생각하여 이야기를 풀어보게 되었다.

이 책은 유전학을 공부하는 학생들이 유전학의 원리를 쉽게 이해하는 데도 도움이 되고, 또 유전학에 전혀 관심이 없는 일반인들도 재미있는 이야기를 통해 유전과 진화에 관한 상식을 넓힐 수 있도록 쉽고 재미있게 쓰려고 노력하였다. 따라서 생물학에 관심 있는 중고등학생이상이라면 이 책을 읽고 충분히 이해할 수 있으리라 본다.

분자유전학적 기술을 이용한 DNA 분석으로 사건 현장의 범인을 특정하고 친자 관계 등을 확인하는 법의학적 원리와 실제 이용된 저명한 사례 등 DNA 프로파일에 얽힌 여러 이야기도 다루고 있다. 그러나 복잡한 원리의 설명은 최대한 쉽게 하면서 실제 이들이 범죄 현장에서 얼마나 유용한 도구인지에 더 중점을 두어 설명하였다.

이 책을 통하여 유전학은 어렵기만 한 학문이 아니라 우리 일상생활을 지배하고 있으면서 우리 곁에 있는 많은 현상을 설명해 주는 학문이라는 것을 이해할 수 있게 되기를 기대한다.

마지막으로 책의 편집과 디자인에 심혈을 기울여 준 경상대학교 출판부 직원 여러분 특히 이가람, 이희은 선생께 감사를 표한다.

2019년 봄

정계준

목차

소인국과 거인국

• • 왜소화와 거구화, 어느 쪽이 인류 번영에 유리할까?

걸리버 여행기는 어릴 때 누구나 한번은 읽어 봤을 것이다. 별로 체구가 크지 않은 어린이도 소인국 이야기를 읽으며 나도 이런 소인국에 갈 수 있다면 대장도 되고 거인이 되어 힘을 뽐낼 수 있겠구나 하고 상상하곤 했을 것이다. 걸리버 여행기에는 소인국만 있는 게 아니라 거인국도 있다. 어마어마하게 큰 사람들과 호랑이만한 고양이가 살고 있는 세상에서 위축된 주인공의 이야기는 어린이의 상상을 자극하기에 충분했다. 그런 상상 속의 소인국이나 거인국이 가능하다면 당신은 소인국의 일원이 되고 싶은가, 아니면 거인국의 일원이 되고 싶은가?

이런 물음에 대부분의 사람은 크게 주저하지 않고 가능하다면 키 크고 덩치가 커지는 게 좋을 것이라 생각할 것이다. 남보다 더 크고 힘이 세다는 것은 경쟁력이 커지며 또한 우월감도 커지는 것이다.

자녀를 기르는 부모의 입장을 생각해도 큰 키에 대한 열망은 가장 절실한 희망 사항 중 하나일 것이다. 머리가 좋고 영리한 자녀, 인물이 아주 잘 생긴 자녀와 함께 부모가 자녀에게 가장 바라는 모습이 키 크고 몸 튼튼하고 건강한 자녀 아닌가 생각된다. 사실 체구가 크고 힘이 세며 몸이 건강한 2세는 인간뿐 아니라 모든 동물이 추구하는 후세의 모습이기도 하다. 자연의 냉혹한 생존경쟁에서 살아남기 위해서는 체구가 크고 건강한 몸을 가져야만 생존 확률이 그만큼 높아지니 너무나 당연한 일이기도 하다. 그래서 동물은 더 강한 유전자를 후세에 남기기 위해 이성을 선택할 때 건강하고 강한 자를 최우선에 두는 것이다.

그렇다면 이렇게 몸이 크고 체격이 커지는 쪽으로 진화해 간다는 것은 우리 인류의 미래를 그려 볼 때도 과연 바람직하겠는지 인류가 지향해야 할 미래의 인류상으로 적합할 것인지 생각해 보자.

생물의 생존경쟁에는 서로 다른 종 사이에서 일어나는 종간경쟁과 같은 종 내의 개체 간에 일어나는 종내경쟁이 있다. 초원에 사는 사자와 하이에나가 영양이나 누와 같은 먹이 동물을 두고 다투는 것은 종간경쟁이며 서로 다른 사자 무리 간에 영역을 두고 다투는 것은 종내경쟁의 예이다. 종내경쟁은 서로 다른 무리 사이에서만 일어나는 것은 아니고 무리 내의 구성원 사이에서도 일어난다.

하이에나나 들개 등은 먹이를 사냥할 때 무리 구성원들이 적극적으로 협동하고 힘을 합치지만 사냥이 성공한 다음에는 먹이를 더 많이 먹기 위해 흔히 무리의 일원끼리 서로 다투게 되는데 이 역시 종내경쟁이 되는 것이다. 종간경쟁과 종내경쟁은 피할 수 없는 생물의 숙명이며 이 두 경쟁의 강도는 생물의 종에 따라 또 생물이 처한 환경에 따라 다를 수 있다.

인간의 경우에는 종간경쟁은 사실 큰 의미가 없고 종내경쟁이 훨씬 치열하다. 우리의 먼 조상들은 곰에게도 잡아먹히고 호랑이에게도 잡아먹히고 또 늑대도 두려워했다. 그러나 지금은 인간의 목숨을 위협하는 동물은 사실상 모두 사라졌다. 인간의 힘이 세어진 게 아니고 동물이 도저히 상대할 수 없는 무기 등 문명의 이기를 가지고 상대하기 때문에 동물과 인간의 대결은 아예 게임이 성립되지 않게 된 것이다. 인간에게는 오직 인간만 경쟁 대상이 된 지 오래다. 학생들이 서로 좋은 학교로 진학하기 위해 열심히 공부하는 것이나 취업에 성공하기 위해 외국어도 배우고 학원에도 다니면서 취업 준비하는 것도 모두 종내경쟁의 한 부분이다. 거기다 국가 대 국가 간에 서로 이익을 얻으려는 무역 분쟁이나 전쟁 등도 모두 종내경쟁의 표출이라 할 수 있다.

물론 동물세계에서는 여전히 종내경쟁과 종간경쟁이 모두 존재하며 두 경우 모두 힘이 지배하는 경향이 강하다. 무리를 지배하기 위한 수사자 간의 싸움에서는 힘과 전투 기술이 승부를 가르게 된다.

사람도 원시사회에서부터 오랫동안 큰 체구와 강인한 체력이 생존경쟁에 절대적으로 유리한 조건이었음은 너무도 당연한 일이다. 다른 종족이나 다른 나라와 전쟁이라도 하게 되면 체구가 큰 사람은 힘이 세어 전장에서 살아남기에 유리했을 것이며 또 똑같이 참전하더라도 많은 공을 세워 장군이나 유능한 전사가 되어 돈과 명예를 얻기 쉬웠을 것이다. 칼과 창을 쓰는 전투에서 큰 체격은 높은 전투력을 발휘하는 데 가장 중요한 전제조건이었다. 우리가 즐겨 읽는 삼국지의 영웅과 장군들은 모두 칠척장신에다가 엄청난 힘을 자랑하는 거인들이었다. 키 165cm에 몸무게 60kg의 보통 체구의 전사가 키가 2m에 몸무게 120kg의 거구의 전사와 싸우면 누가 이기겠는가? 보통 체구의 전사가 휘두르는 작고 가벼운 칼은 거구의 전사가 휘두르는 무겁고 큰 칼과 맞부딪치면 바로 칼이 튕겨 나가 버리고 말 것이다. 그러니 칼이나 창을 무기로 싸우던 옛 전장에서 보통 체구의 전사는 장군으로 승진하거나 군에서 명예를 얻는 것은 불가능할 수밖에 없었을 것이다. 2m 신장은 못되더라도 180cm는 되어야 군인으로 성공할 수 있었을 것이다. 체구가 작은 사람은 머리라도 비상하게 좋아 전략을 짜는 모사로 활약하면 몰라도 싸움꾼으로서의 성공은 애당초 불가능한 것이다. 전장에서만 큰 체구가 유리한 것은 아니다. 농사를 지을 때도 체구가 큰 사람은 힘이 세니 농사일을 더 잘 할 것이고 생산성이 높아 잘 살 확률이 더 높아질 것이다. 산에 가서 땔나무를 해 오더라도 더 많은 나무를 해 올 것이고 밭을 갈아도 더 빨리 더 많이 갈 것이다.

사람은 이렇게 키 크고 체구가 큰 것이 생존에 유리하다는 것을 너무나 잘 알고 있기에 지금도 당연히 키 큰 것을 선호하고 이성을 고르는 데도 큰 키는 아주 중요한 고려 요소로 작용하고 있음을 부인하지 못한다. 그런데 잘 생각해 보자. 지금도 키 큰 것이 생존이나 성공에 중요한 요인이 될 수 있을까?

물론 농구나 배구 선수에게 중요한 신체 조건은 신장이며 역도나 투포환 같은 종목에서는 힘을 겨루니 체격이 여러 종목의 스포츠 선수로서의 성공 여부를 결정짓는 중요한 요소임에는 변함이 없다. 그러나 이런 신장과 체격의 우월성이 빛을 발하는 곳은 어디까지나 스포츠 정도에 국한된다. 요즘 소위 능력 있는 사람을 이야기할 때는 머리가 좋아 일류 대학 인기학과 출신으로 좋은 직업을 가진 사람을 지칭하게 된다. 머리가 좋아 좋은 직업을 가진 사람은 좋은 환경의 사무실에서 편안하게 일하면서 충분한 경제적 대우까지 받지만 힘으로 일하는 사람은 오히려 열악한 환경에서 힘들게 일하지만 돌아오는 반대급부는 훨씬 빈약하기 마련인 게 현실이다. 덩치 크고 힘 좋은 게 결코 생존경쟁에 유리한 조건이 아닌 것으로 세상이 바뀐 것이다.

요즘 군인은 어떤가? 군인의 기본 무기는 소총이다. 힘으로 무기를 휘두르는 시대가 아니고 손가락으로 방아쇠를 당기는 전쟁이 되었으니 힘은 상대적으로 큰 의미가 없어졌다. 오히려 체구가 큰 사람은 총에 맞을 표적이 더 커지므로 총격전에서 불리할 수도 있겠다. 무기는 계속 발전하여 대부분의 무기가 더 정교해지고 조작도 힘보다는 두뇌를 더 요구하게 되었다. 손가락 하나로 발사 장치의 버튼 하나만 누르면 수백 킬로미터나 수천 킬로미터 떨어진 적진으로 미사일이 날아가는 현대전의 전쟁 양상이니 사람의 덩치는 무용지물이 되었다. 체격이 큰 사람이 필요 없기는 전장뿐 아니라 산업현장도 마찬가지다. 힘센 장정이 괭이로 땅을 파 일구던 농장은 이제 경운기나 트랙터로 땅을 갈고 농사를 짓게 되었으며 수많은 사람이 힘들게 일하던 생산 공장도 기계가 힘든 일을 대신하는 것으로 바뀌었으니 체구가 큰 사람은 별로 이점이 없고 오히려 좁은 공간에서 효율적으로 일할 수 있으며 정교한 조작이 가능한 작은 사람이 더 유리해진 면이 있다. 기계를 조작하는 데 키가 무슨 소용이란 말인가. 이성의 선택을 받을 때 유리한 점을 빼고는 의외로 키 큰 것은 별로 쓸모가 없는 세상이 된 것이다.

그렇다면 인류의 키가 아주 작다면 어떤 이점이 있을까? 인류의 평균 신장이 획기적으로 작아질 때 인류의 미래는 어떨지 상상해보자. 인도네시아 플로레스 섬에서 살았던 원시인류인 '호모 플로레시언시스'(*Homo floresiansis*)는 성인 남성의 키가 100~110cm 정도에 체중은 25kg 정도였다고 한다. 체중이 현대인의 40%가 채 안 되는 수준이다.

이처럼 체구가 작아지면 우선 식량 문제에서 절대적으로 유리해진다. 지금의 인류가 한 끼 먹는 식사로 두 끼는 먹게 될 테니 식량 요구량이 2분의 1 이하로 줄게 될 것이다. 대부분의 동물이 먹이를 구해 먹는 것을 일상의 가장 중요한 일로 삼고 있을 만큼 동물에게 먹이 확보는 중요한 일이며 먹이가 풍족한지 여부는 종의 번성과 직결된다. 따라서 적은 식량으로 버틸 수 있다는 것은 그 종의 생존과 번영에 엄청난 이점이 될 수밖에 없다.

그것뿐 아니다. 주거공간도 넓을 필요가 없으며 방 한 칸에 한 평 반만 해도 충분할 것이다. 넓이뿐 아니라 건물의 층고도 높을 필요가 없어 10층 건물은 17~18층 정도로 건축이 가능해질 것이다. 이리 되면 건물을 지을 때 드는 건축비와 소요되는 자재가 대폭 절감될 것이며 건물의 공간이 적으니 냉난방비도 획기적으로 줄게 될 것이다. 차량이나 비행기 같은 교통수단도 지금보다 훨씬 소형화해도 더 많은 인원이 탑승 가능해지니 더 효율적이며 연료도 절약될 것이다. 마티즈나 티코 정도가 최고급 승용차가 되고 소형차는 리어카 크기만 하면 될 것이다. 물론 그리되면 지금의 4차선 도로는 6차선 정도로 차선을 더 그어도 될 것이니 도로의 효율성도 높아져 교통 체증도 사라지게 될 것이다. 모든 자원이 이처럼 절약되니 자원 활용 면에서도 유리하고 인류의 생활은 지금보다 훨씬 풍요롭고 윤택해지게 될 것이다.

사람의 체구가 그리 작아지면 생산력도 떨어지지 않을까 걱정하는 사람도 있겠지만 모든 게 기계화되는 현대에서 사람의 체구

호모 플로레시언시스.

나 근육의 힘은 사실상 큰 문제가 되지 않는다.

옛날에는 전쟁도 힘센 자가 이겼지만 요즘은 첨단무기가 전쟁의 승패를 좌우하지 힘센 장수가 전장을 주름잡지 않는다. 군을 지휘하는 데도 힘센 장수보다는 머리 좋은 전략가가 필요한 국면으로 전쟁 양상이 완전히 바뀐 것이다. 덩치 큰 사람이 아무리 괭이로 땅을 파 봤자 땅꼬마만한 사람이 힘센 트랙터로 하는 일을 어떻게 당하겠는가?

필자는 자원을 절약하며 식량 문제를 해결하고 또 환경오염과 공해 문제를 해결할 수 있는 방법으로는 인류의 획기적인 소형화가 가장 모범답안이라고 생각한다. 지구상의 동물 중 특히 번성하는 동물은 모두 소형동물이다. 반면 코뿔소, 고래, 코끼리, 호랑이, 사자, 곰, 황새, 두루미, 백조 등 체구가 큰 대형동물은 절대 다수가 멸종 위기에 처해 있는 현실은 대형동물이 실제 생존경쟁에서는 결코 유리하지 않다는 것을 보여 주는 생생한 증거이다. 인류가 그렇게도 없애고자 하는 쥐는 여전히 번성하고 있고 수많은 해충도 인류의 무차별적인 살충제 공세에도 끄떡없이 번성하고 있음은 체구의 소형화가 얼마나 효율적인 생존수단인지를 여실히 보여 주고 있다.

그렇다면 인류가 진화하면서 소형화할 기회는 없었을까? 인류의 조상 중 최초의 사람속인 호모 하빌리스(*Homo habilis*)는 화석 분석 결과 남자의 키가 1.32m 정도로 현생인류와는 비교가 되지 않을 정도로 작았다. *Homo habilis*가 출현하기 직전의 원시인류인 오스트랄로피테쿠스(*Australopithecus*)의 경우 남자의 키가 1.5m 정도로 *habilis*보다는 조금 컸지만 역시 키가 작았다. 그러나 *habilis* 다음에 출현한 인류인 직립원인(*Homo erectus*)의 키는 남성이 1.78m로 아주 커져 버렸다.

호모 하빌리스보다 더 작은 체구의 원시인류도 있었다. 앞에서 언급한 원시인류인 '호모 플로레시언시스'(*Homo floresiansis*)는 지금부터 약 50,000년 내지 60,000년 전까지 인도네시아 플로레스 섬에서 살았던 고대 인류로 침팬지와 비슷한 380cc의 뇌 용량을 가졌다. 특히 작은 키 때문에 호모 플로레시언시스는 영화 '반지의 제왕'에 등장하는 '호빗'이라는 별명으로 불리기도 한다. 그동안 과학자들 사이에서는 호빗을 두고 현생인류의 조상인지 아니면 아예 다른 종인지를 두고 논란이 오갔다. 대다수 과학자들은 호모 플로레시언시스가 키가 매우 작을 뿐만 아니라 뇌 용량이 3분의 1수준인 점을 근거로 현생인류와 다르다고 주장했다.

반면 일부 과학자들은 이들이 몸집과 두뇌가 쪼그라드는 유전질환인 소두병을 앓은 호모 사피엔스라고 주장하며 고립된 섬에서 생존하는 생물 종은 체격이 작아지는 진화현상이 있다는 점을 근거로 들어 반박했다.

이러한 논란 속에서 최근 미국 스토니브룩대학교 해부과학연구팀은 호빗족의 두개골을 3차원 입체로 구조를 파악해 현생인류의 조상이 아니라고 과학저널 〈휴먼 에볼루션〉(Human Evolution) 최신호에서 주장해 눈길을 모았다. 연구팀은 LBI라는 명칭의 호빗족 여성의 두개골을 3차원 입체로 그 구조를 파악한 결과 현생인류의 두개골과 차이를 보이며 오히려 150만 년 전 아프리카와 유라시아에서 살았던 사람과(科) 동물에 더 가깝다고 주장했다.

여전히 호빗을 둘러싼 학계의 주장이 엇갈리고 있으며 현생인류와는 거리가 있다는 주장이 우세하지만 이들도 인류와 같은 *Homo*속이라는 점을 생각하면 현생인류의 직계 조상이 아닐지라도 원시인류의 하나인 것은 틀림이 없으며 이들의 키 작은 유전자가 현생인류에 전달되지 못한 것은 아쉬운 일이 아니라 할 수 없다. 이런 인류의 조상들을 보면서 필자는 인류의 키가 큰 쪽으로 진화해 온 것에 대해 항상 아쉽게 생각한다. 그러나 다행히도 키 작은 인류가 화석으로만 발견되는 것은 아니고 지금도 우리 곁에 있다.

동남아시아 말레이 반도 일대의 안다만 족(Andamanese)이나 세망 족(Semang)은 여성의 키가 137cm 정도에 남성은 140cm 남짓의 아주 키 작은 소수 원시 부족으로 지금도 숲에서 수렵으로 살아가고 있다. 또 중앙아프리카의 콩고 일대에서 살고 있는 피그미족은 남성은 153cm 정도, 여성은 145cm 정도의 작은 키에 체중은 45kg 내외이고 이들 역시 수렵과 채취에 의존하는 삶을 살아가고 있다. '호모 플로레시언시스'보다는 훨씬 크지만 문명 생활을 하는 대부분의 현생인류보다는 훨씬 작은 체구이다. 지구상에 남아 있는 소수의 키 작은 인종들이 수렵과 채취 생활로 삶을 이어 가는 것은 그런 생활로 많은 먹이와 영양을 얻기 어렵고 먹이가 부족한 환경에서는 체구가 작은 것이 유리하다는 반증이기도 하다. 사람들은 이들 원시 부족을 미개한 원시 종족으로만 생각하기 쉽지만 엄연히 우리와 같은 인류의 한 종족이며 생물학적으로 같은 *Homo sapiens*이다.

미개하다고 무시하기 쉽지만 앞으로 과학이 발달하고 또 인류 문명이 지속되어 지구에서 인류가 이용할 자원이 고갈되어 문제가 심각해지는 때가 온다면 이들 원주민들의 키 작은 유전자는 앞으로 우리 인류의 체구를 작게 하여 인류를 멸망에서 구원해 줄 아주 요긴하게 쓰일 중요하고도 우량한(?) 유전자일지도 모른다. 관점에 따라서는 키가 작고 체구가 작은 사람은 나쁜 인자를 가진 게 아니고 앞으로 인류의 새 지평을 열어 줄 좋은 유전자의 소유자라는 점을 얘기하고 싶다. 물론 이런 키 작은 유전자를 전 인류에게 전달할 방법은 대규모 유전자 조작이라는 방법 아니면 불가능하므로 거의 실현 가능성은 없다고 하겠다. 그런 대규모의 유전자 조작이 기술적으로 장차 가능해질 수 있다고 하더라도 그러한 유전자 조작이 전체주의 국가 체제도 아닌 현대 사회에서 개인의 의사나 인권을 무시하고 실행에 옮기게 되는 것은 불가능에 가깝겠지만 앞으로 인류에게 절체절명의 자원 고갈 같은 어려움이 닥친다면 또 어떻게 될지 모를 일이다.

오늘의 우량 유전자가 환경 변화에 따라 내일은 불량 유전자가 되고 오늘의 불량 유전자가 미래에는 우량 유전자가 될 수도 있는 것은 모든 생물이 환경 변화에 대해 적응해 간다는 점에서 너무나 당연한 일이기도 하다.

성 결정의 비밀

••성 결정의 비밀과
성 염색체 이상으로 일어나는 여러 증후군

사람의 성 결정

성염색체에 의한 성 결정

아들이 가문의 대를 이어간다는 생각이 지배했던 시절엔 남아 선호사상은 종교보다 더 강력했다. 딸만 몇씩 낳고 아들을 낳지 못한 우리 어머니들은 아들을 낳기 위해 온갖 방법을 다 썼다. 용하다는 절간이나 기도처에 가서 아들 낳기를 비는 것은 말할 것도 없고 남근석이나 당산에 가서 빌기도 하고 또 석불의 코를 갈아서 먹기도 했다. 심지어는 아들을 낳지 못하고 딸만 낳는다고 소박맞은 여인네의 이야기도 심심치 않게 들어 봤을 것이다. 그러나 과학이 발달하고 교육 수준이 높아지면서 그런 기도나 행동은 거의 자취를 감추게 되었다. 무엇보다 아들이 될지 딸이 될지는 수태 순간에 결정되는 것이지 임신 중에 바뀌지는 않는다는 사실을 알게 되자 차츰 그런 기도나 행위가 소용없다고 생각하게 되었을 것이다. 또한 이전과 달리 남아선호사상이 거의 사라진 것도 아들을 원하는 이런 기도 등이 사라지게 된 이유가 되기도 할 것이다.

생물의 성 결정은 1900년대 초에 그 원리가 밝혀지기 시작했다. 과학의 발달로 꽤 성능 좋은 현미경이 만들어지자 과학자들은 핵 안에 있는 염색체를 볼 수 있게 되었고 생식세포 형성 때 이 염색체가 분리되어 딸세포에 나뉘어 들어간다는 것을 확인하게 되었다. 또 하나의 세포에는 똑같은 염색체가 2개씩 쌍으로 존재하는데 짝이 맞지 않는 특이한 염색체가 있음을 알게 되었다. 이 의문의 염색체는 각기 X 염색체, Y 염색체라 부르게 되었는데 곧 이어 이들이 성의 결정과 관련 있다는 사실을 알게 되었고 따라서 성염색체라 부르게 되었던 것이다.

성염색체에 의해 성이 결정된다는 사실의 확인은 유전학 역사에도 중요한 이정표가 되었다. 성염색체가 성을 결정한다는 사실에서 과학자들은 바로 염색체가 유전 형질을 결정짓는 유전체임을 직시하게 되었기 때문이다. 다시 말하면 성염색체의 발견 이전까지 과학자들은 무엇이 유전을 결정하는지 그 정체를 모르고 있다가 성염색체가 성을 결정한다는 사실을 확인하자마자 바로 염색체의 기능을 확인할 수 있게 되었던 것이다.

염색체가 유전 형질을 결정한다는 것을 확인하자 과학자들은 염색체를 분석하여 DNA와 단백질로 이루어졌다는 것을 알게 되었다. 나아가 과학자들은 염색체 구성 성분인 DNA와 단백질 중 어떤 것이 유전자의 본체인지 탐구하기 시작하게 되었고 꽤 오랜 시간이 걸렸지만 1940년대 말쯤에는 그중 DNA가 유전물질임을 확인하게 되어 분자유전학의 길이 활짝 열리게 되었던 것이다.

사람에서는 여성은 XX 성염색체 조합을 가지고 남성은 XY 성염색체 조합을 가지게 된다. 생식세포를 생산할 때는 2배체인 염색체가 분리되어 반수체가 되므로 여성은 X를 가진 난자만 생산하며 남성은 각기 X와 Y를 가진 정자를 생산하게 되어 자녀의 성 결정은 X 정자와 Y 정자 중 어느 쪽이 난자와 수정되느냐에 따라 결정되는 것이다. 따라서 이전에 아들 낳지 못한다고 구박받던 며느리는 전혀 근거 없이 아들 못 낳는 책임을 뒤집어썼던 것이다. 사람뿐 아니라 모든 포유동물은 모두 이와 같은 XX-XY 성 결정 방식을 따른다.

안드로겐 불감증

그런데 드물지만 XY 성염색체를 가지면서 남성이 아닌 여성인 경우도 발견되어 우리를 놀라게 한다. 2009년 독일 베를린 세계육상선수권 대회 여자 800m 경기에서 압도적인 경기력으로 금메달을 딴 남아공의 캐스터 세메냐(Caster Semenya)는 경기 후 선이 굵은 외모, 남자를 연상시키는 탄탄한 몸매와 근육, 그리고 남성의 목소리와 비슷한 저음 등으로 남자가 아닌가 하는 의심을 받았다.

결국 여러 나라 대표단의 이의 제기로 신체검사를 했는데 놀라운 사실이 밝혀졌다. 세메냐는 여성의 외부 생식기를 가지긴 했으나 난소와 자궁이 없고 복강 안에는 남성의 생식기관인 잠복한 고환이 있었으며 더욱이 성염색체는 XY였던 것이다. 유전적으로는 남성이었고 외부 생식기는 여성이었지만 자궁과 난소가 없으니 불완전한 생식기를 가진 여성으로 밝혀진 것이다. 거기다 남성 호르몬의 수치는 정상적인 여성보다 3배 이상 높게 나타났다.

세메냐는 XY 성염색체를 가지면서 남성 호르몬이 분비되지만 몸이 이 호르몬에 적절하게 반응하지 못해 여성화되는 증상인 '안드로겐불감성증후군'의 여성이었던 것이다. 이런 여성은 성인이 되어도 여성 특유의 이차성징인 월경이 나타나지 않는다. 외견상 여성이지만 불완전한 여성 내지 약간 남성화된 여성 상태였던 것이다. 논란이 지속되었으나 세메냐의 금메달은 인정되었고 이후에도 여자 선수로 활동을 이어 가게 되었다. 세메냐는 2012년 런던 올림픽과 2016년 리우 올림픽 여자 800m를 2연패했다. 2009년에 이어 2011년과 2017년 세계선수권 800m에서도 우승하여 금메달을 땄다. 그러나 경쟁자들의 불만은 사라지지 않았다. 반쯤 남자인 선수와 불공정한 경쟁을 하고 있다는 주장이었다.

국제육상연맹(IAAF)은 이 논란을 잠재우기 위해 2011년 테스토스테론 수치가 특정치를 넘는 선수들은 출전하지 못하도록 하는 '안드로겐 과다혈증(hyperandrogenism)' 규정을 도입했다. 그러나 이 규정에 의해 여자 대회에 출전할 수 없게 된 인도 육상선수 두티 찬드(Dutee Chand)가 국제스포츠중재재판소(CAS)에 제소해 승리함으로써 시행이 유보됐다. CAS는 2015년 7월 판결을 통해 테스토스테론이 경기력 향상에 영향을 미친다는 증거가 부족하다며 2년간 유예 기간을 두고 IAAF에 이를 입증하도록 요구했다. 그럼에도 함께 경쟁해야 하는 다른 나라 여성 선수들의 불만까지 잠재울 수는 없었다. 어느 정도 남성화된 세메냐나 찬드와 같은 선수를 일반 여성 선수들이 극복하기는 어려운 일이라는 생각과 공정한 경쟁이 아니라는 주장이 계속 이어졌고 반면에 어쨌거나 여성이므로 차별해서는 안 된다는 주장 역시 적지 않았다.

결국 2018년 4월 국제육상연맹은 보다 엄격한 새 규정을 적용하여 출전은 허용하되 규제를 하기로 했다. IAAF는 공정한 경쟁 조건을 만들기 위한 노력으로 여성 종목에 출전하는 선수들의 남성 호르몬 수치를 제한하는 새 규정을 발표하고 2018년 11월부터 적용하기로 했다. 새 규정에 따르면 남성 호르몬 테스토스테론 수치가 일반적인 엘리트 선수들에 비해 현저히 높은 선수들은 여자 종목에 출전할 수 없다. 대회에 출전하고자 하는 선수들은 테스토스테론 수치를 낮추는 의학적 처방을 받아야 한다. 새로운 논란을 낳게 될 이 규정은 특히 스피드와 파워, 지구력을 동시에 필요로

하는 800~1600m의 중거리 종목에 집중 적용될 예정이다.

IAAF 세바스찬 코 회장은 “테스토스테론은 신체 내에서 자연스럽게 생성됐든, 주사 등에 의해 주입됐든 경기력 향상에 중대한 영향을 미친다”면서 “우리는 이제 그 근거를 갖고 있다”고 자신 있게 말했다. IAAF는 과거 테스토스테론 수치 10나노 몰 이상 선수들의 여자대회 출전을 금지했으나 이번엔 5나노 몰로 대폭 강화될 것으로 알려졌다. IAAF에 따르면 엘리트 선수들을 포함한 여성들은 테스토스테론 수치가 0.12~1.79나노 몰, 남성들은 7.7~29.4나노 몰이며, 5~10나노 몰의 여성 선수들은 4.4%의 근육량 증가, 12~26%의 근력 강화, 7.8%의 헤모글로빈 증가 효과를 얻는 것으로 분석됐다.

그렇다면 XY 염색체를 가진 안드로겐불감성인 여성은 모두 남성화되는 걸까? 그렇지는 않은 것 같다. 대개 세메냐처럼 남성화되는 경향을 보이지만 그렇지 않은 경우도 있다. 유명한 할리우드 여배우인 킴 노박(Kim Novak)과 유명한 재즈 가수인 에덴 애트우드(Eden Atwood)도 XY 성염색체를 가진 안드로겐불감성의 여성으로 알려져 있다. 이들은 매우 매력적인 여성 연기자이자 가수로 인기를 얻었다. 이런 예를 보면 안드로겐불감성증후군의 여성이 항상 남성화 경향을 보이지는 않는 것으로 보인다.

필자도 안드로겐불감성 여성을 조사해 본 적이 있다. 대학원 재학 시절 모 병원에서 어떤 여성에게서 적출한 잠복 고환의 조직학적 소견과 성염색체 조성을 조사해 달라는 요청을 우리 실험실에 의뢰하여 이를 조사한 적이 있었다. 당시 그 여성은 나이가 스물 가까이 되어도 생리가 없자 동네 의원을 찾아 진료를 받았다. 여성 호르몬이 부족해서 그런 것 같다는 진단을 받고 여성 호르몬 투여 치료를 받았지만 차도가 없었다. 결국 서울의 대형병원에 내원하여 정밀 검진을 받은 결과 외부 생식기는 여성의 그것과 같았지만 난소와 자궁이 없었으며 복강 내에 잠복 고환이 발견되는 전형적인 안드로겐불감성 여성의 증상을 보였던 것이다. 자궁이 없으니 생리가 있을 턱이 없었던 것이다. 우리 실험실의 조사에서 정소는 정자 생성이 전혀 되지 않는 상태였고 성염색체는 XY로 나타났다. 당시 이 여성은 전형적인 여성의 모습이었고 다만 외형상 젖가슴의 발달이 조금 빈약한 정도였다. 스무 살 가까이 자랄 때까지 생리가 없는 것을 제외하고는 여성으로서의 성 정체성에 조금도 의심을 하지 않던 그녀에게는 매우 충격적인 일이었으리라. 그렇지만 유전적인 결함에 의해 나타나는 증상이니 현대 의학으로는 어느 쪽 성으로도 완전하게 돌아갈 수는 없는 안타까운 사례였다. 당시 이 여성은 막혀 있던 질을 외과적 수술로 확대하여 성생활이 가능할 수 있게 처치를 받는 것으로 만족해야 했다.

성염색체의 수적(數的) 비정상(XXY, XYY, XXX, XO)

앞의 '안드로겐불감성증후군'의 예는 성염색체가 XY로 남성으로서의 염색체 조합을 가지지만 안드로겐 수용체가 제대로 작동하지 못하는 등의 이유로 여성화되는 경우였지만 성염색체 조합 자체에 결함이 발생하는 경우도 있다. 대개 감수분열 때 성염색체의 분리가 잘못된 생식세포가 수정되어 나타나게 되는데 성염색체가 정상적인 2개가 아니고 1개 또는 3개 이상 등으로 그 수가 다르게 되므로 이들을 통틀어 성염색체의 수적 비정상(數的 非正常)이라고 부른다. 이런 증상으로는 클라인펠터증후군, 이중-Y증후군, 3중-X증후군, 터너증후군 등이 있다.

┃클라인펠터증후군(XXY)

사람에서 가장 흔히 나타나는 성염색체의 수적 비정상 증상은 남자 아이 500명당 1명 비율로 나타나는 클라인펠터증후군이다. XXY 성염색체를 가지며, 대개 난자 형성 때 성염색체 분리가 정상적으로 이루어지지 않아 XX 성염색체를 가지는 난자가 형성되고 이 난자가 정상적인 Y 정자와 수정되어 나타나게 된다. 보다 드물게 정상적인 X 난자가 XY 정자로 수정되어 나타나게 되는 경우도 있지만 그런 경우는 전자보다 훨씬 드문데 그 이유는 정자는 난자에 비해 성염색체 조성이 잘못되었을 때 치사율이 훨씬 높기 때문이다.

이 증후군은 성염색체가 XXY 조합을 가져, 여성이 되는 데 필요한 성염색체인 XX와 남성이 되는 데 필요한 성염색체인 XY를 모두 가지는 경우로 성은 남자가 되지만 가슴이 약간 발달하는 등 약간의 여성화 경향을 가지며 불임으로 2세를 낳을 수 없다. 클라인펠터증후군의 남성은 대개 키가 큰 편이며 약간의 정신박약을 수반하지만 아기를 낳을 수 없는 것을 제외하고는 거의 정상적인 생활을 영위할 수 있다.

클라인펠터증후군에서 보듯이 사람에서는 X 염색체의 수가 몇 개이든지 관계없이 Y 염색체를 하나만 가지면 남성으로 발현하게 된다. 물론 안드로겐불감성증후군처럼 Y를 가져도 여성이 되는 경우도 있지만 안드로겐불감성증후군은 성염색체의 이상으로 나타나는 것이 아니고 다른 유전자의 이상으로 인해 나타나는 특수한 경우이다.

| 이중-Y증후군(XYY)

성염색체가 XYY인 경우로 남성의 생식세포 형성 때 성염색체의 불분리현상(不分離現狀)으로 Y를 이중으로 가지는 정자가 형성되어 X를 가지는 난자와 수정되어 나타나게 되는데 남자 아이 800명당 1명꼴로 나타나게 된다. 지능이 정상적인 사람에 비해 조금 떨어지는 수준이긴 하지만 거의 정상적인 생활을 할 수 있으며 자식도 낳을 수 있다. 이런 증상의 남성은 생식세포 형성 때 X, Y, XY, YY의 성염색체 조합을 가지는 정자가 만들어지지만 비정상적인 조합인 XY, YY를 가지는 정자는 대개 죽게 되어 자녀에게서는 정상적인 성염색체 조합을 가지는 경우가 대부분이므로 2세가 잘못될까 크게 걱정하지 않아도 된다.

3중-X증후군(XXX)

정상적인 여성의 경우 성염색체는 두 개의 X를 가져 XX가 되지만 때로 X 염색체가 3개인 여성도 있다. 대개 난자 형성 때 성염색체 불분리현상이 일어나 X를 정상적인 1개가 아닌 2개 가진 난자가 형성되고 이 난자가 정상적인 X 정자와 수정되어 나타나는 성염색체의 수적 이상이다. 결국 난자의 2개 X와 정자의 1개 X를 합하여 3개의 X를 가지게 되는 것이다.

때로는 정상적인 X난자와 X정자가 수정되어 XX를 가지는 수정란이 되었지만 이 난자가 난할 때 성염색체의 비정상적인 불분리가 일어나 3중-X증후군으로 발달하기도 하는데 그럴 경우에는 그 여자 아이의 몸을 구성하는 체세포는 세포에 따라 XXX, X 및 XX 등으로 다양하게 나타나는 모자이크 현상을 보이기도 하며 대개 증상은 모든 세포가 3중-X인 경우보다는 경미하게 나타나게 된다.

3중-X증후군을 가질 경우 모두 여성이며 여자 아이 1000명당 1명꼴로 나타나게 된다. 성염색체 조성은 비정상이지만 표현형은 거의 정상으로 대개 정상적인 생활을 영위할 수 있으며 자녀도 낳을 수 있다. 그러나 약한 정신 지체를 나타내기도 하며 때로 불임인 경우도 있는 등 증상이 다양하게 나타날 수 있다.

| 터너증후군(XO)

성염색체가 X 하나밖에 없는 경우로 여자 아이 3,000명에 한 명꼴로 나타난다. XO에서 O는 영(零)을 의미한다. 키가 작고 여성이지만 이차성징이 나타나지 않으므로 가슴이 제대로 발육하지 않으며 배란도 없고 월경도 일어나지 않는다. 따라서 아이를 낳을 수는 없다. 정신적인 능력은 거의 정상인의 범주에 들어가며 일상생활을 하는 데 큰 지장이 없다.

새의 성 결정

모든 생물이 사람과 같은 방식으로 성이 결정되는 것은 아니다. 사람을 포함한 포유류에서는 수컷이 성을 결정하는 이형배우자(생식세포)를 생산하지만 조류나 일부 곤충에서는 암컷이 이형배우자를 생산한다. 즉 암컷이 자웅으로 발달할 서로 다른 배우자를 생산하여 성을 결정하며 수컷은 똑같은 성염색체를 가진 정자를 생산하게 되는데 이런 성 결정 방식을 ZZ-ZW식 성 결정 방식이라 한다. 생물의 종류에 따라 성 결정 방식은 다를 수 있지만 한 가지 공통되는 것은 이런 성 결정이 성염색체 또는 유전자에 의해 결정된다는 사실이다. 물론 다음에 알아 볼 생물처럼 얼핏 유전자와는 상관이 없는 것 같은 경우도 있지만 기작만 다를 뿐 유전자에 의해 성이 결정된다는 것은 변함이 없다.

파충류의 성 결정

거북이나 뱀 같은 파충류는 알을 낳아 번식한다. 거북의 경우 바다에서 생활하지만 산란은 바닷가 모래밭에 올라와서 모래밭에 구덩이를 파고 산란한다. 그런데 암수의 결정은 신기하게도 부화되는 온도에 의한다. 일정 수준 이하의 온도에서는 수컷이 되고 이상의 온도에서는 암컷으로 발생하게 되는 것이다. 이와 같은 독특한 성 결정 방식을 '온도 의존형 성 결정'이라 한다. 어떻게 이런 성 결정이 가능할까?

이는 수정란에 암수로 발생하는 데 필요한 모든 유전자가 다 있으면서 일정 조건에 따라 암컷 또는 수컷으로 발생되도록 유전자가 발현되기 때문이다. 즉 보다 낮은 온도에서는 수컷으로 발생하는 데 필요한 일련의 유전자가 작동하여 수컷이 되며 반대로 높은 온도에서는 암컷으로 발생하는 데 필요한 유전자가 연쇄적으로 발현되어 암컷으로 발생하는 것이다.

스스로 성 전환하는 천남성

거의 대부분의 생물은 한 번 어떤 성으로 결정되어 태어나면 당연히 그 성은 평생 고정된다. 그런데 여기 아주 특이한 예외적인 생물이 있다. 천남성은 산지 숲속에 자생하는 다년생 구근식물로 잎이 매우 넓고 크며 꽃은 마치 코브라가 고개를 쳐들고 있는 것과 같은 무시무시하고 특이한 모습을 한다. 열매는 자루가 짧은 옥수수처럼 생겼는데 가을이면 붉게 익는다. 맹독성 식물이지만 구근을 약재로 이용하기도 한다. 천남성에도 큰천남성, 두루미천남성, 천남성, 무늬천남성, 점박이천남성 등 다양한 종류가 있는데 이들은 모두 어릴 때는 수포기가 되지만 몇 년 지나 어느 정도 이상 크게 자라면 암포기로 전환된다. 성이 고정된 것이 아니고 조건에 따라 바뀌는 것이다.

이렇게 성이 전환되는 현상은 해당 식물의 입장에서는 매우 유리하고 보다 효율적인 생식 결과를 나타낼 수 있게 된다. 왜냐하면 식물의 경우 암수딴그루인 경우 암그루는 자손 생산에 훨씬 많은 에너지를 투입해야 한다. 수그루는 꽃가루를 생산하여 암그루에 제공하는 것으로 생식의 의무를 다하지만 암그루의 경우에는 꽃을 피운 후에도 열매나 종자를 맺는 데 필요한 추가적인 에너지의 투입이 필요한 것이다. 따라서 어린 그루가 만약 암그루라면 씨앗 맺는데 너무 많은 에너지가 소요되므로 많은 씨앗을 맺지도 못하면서 구근 자체도 충분히 자라지 못하게 되는 것이다. 어린 포기는 수컷이 됨으로써 후손을 생산하면서도 에너지 부담이 크지 않은 절묘한 방법을 찾은 것이다. 성이란 것이 결국 생물이 후대를 생산하기 위해 유성번식을 하기 위한 수단이라는 것을 생각하면 더 많은 자손을 생산하기 위해서는 가장 좋은 방법이 될 수도 있다는 점에서 매우 놀라운 진화 결과라 할 수 있다.

다인자유전의 비밀

• • 아인슈타인과 퀴리 부인이 결혼한다면
그 자녀도 천재가 될 수 있을까?

중고등학교 생물 시간에 멘델의 유전 법칙에 관해 배웠을 것이다. 완두의 키는 크거나 아니면 작으며 중간형이 거의 나타나지 않는다. 이때 키 큰 형질은 우성이고 작은 형질은 열성이며 큰 것과 작은 순계 완두를 교배하면 제1세대 자손(F1)은 모두 키 큰 것만 나오고 또 이 F1을 자가 교배하면 제2세대 자손(F2)에서는 키 큰 것과 작은 것이 3:1로 분리된다는 것이다.

자 이 정도는 누구나 다 알고 있는 내용이다. 그런데 사람의 키는 왜 키가 크고 작은 두 형질로 뚜렷하게 구분되지 않고 중간 정도인 사람이 압도적으로 많고 아주 크거나 아주 작은 사람은 드물게 나타날까? 왜 완두의 키와는 전혀 다른 양상으로 나타나는지 의문을 가져 본 적이 있는가?

완두와 사람의 키가 이렇게 전혀 다른 방식으로 결정되는 이유는 완두의 경우 단 한 쌍의 대립유전자에 의해 키가 결정되지만 사람의 경우에는 여러 쌍의 대립유전자에 의해 결정되기 때문이다. 완두의 키처럼 하나의 대립유전자에 의해 형질이 결정될 때 단인자유전이라 한다. 반면 사람의 키처럼 여러 쌍의 대립유전자에 의해 형질이 결정될 때 다인자유전이라 한다. 다인자유전은 어떤 특정 형질을 결정하는 유전자가 한 쌍이 아니고 여러 쌍이 합동으로 결정하는 것을 말한다. 예컨대 다섯 쌍의 대립유전자가 사람의 키를 결정한다고 가정하면 다섯 쌍의 대립유전자가 모두 키를 크게 하는 형질과 키를 작게 하는 대립유전자가 존재하며 이들이 어떻게 조합되느냐에 따라 사람의 키가 결정되는 것이다. 즉 키를 크게 하는 유전자가 다수 모이면 키가 크게 마련이고 그 반대면 키는 작게 되는 것이다.

그러나 확률적으로 키를 크게 하는 유전자만 갖게 되기보다는 키를 크게 하는 대립유전자와 키를 작게 하는 대립유전자를 섞어서 가지기 쉬우므로 키는 아주 크지도 않고 아주 작지도 않은 중간 정도의 키를 가지는 사람이 대부분을 차지하게 되고 양 극단인 아주 키 큰 사람과 아주 작은 사람은 소수로 나타나게 되는 것이다. 이를 정규분포도로 나타내면 종 모양을 보이게 된다. 즉 가운데가 많아 높아지고 양 극단으로 갈수록 개체 수는 극히 적어지는 것이다. 물론 이때 다섯 쌍의 대립유전자가 관여한다고 하더라도 각 대립유전자의 영향력은 서로 다를 수 있어 영향력이 큰 유전자가 어느 쪽이냐가 형질 발현에 매우 중요할 수도 있으며 단순히 키를 크게 하는 유전자를 몇 개 가졌느냐에 의해 결정되는 것처럼 단순하지 않을 수는 있다.

만약 사람의 키도 완두처럼 단인자유전으로 결정되어 양 극단으로만 존재한다면 어떻게 될까? 사람들이 키 180cm 이상과 160cm 미만의 두 그룹으로 나뉜다고 가정해 보자. 물론 그렇더라도 환경 요인에 의해 여전히 키 큰 사람은 180에서 200까지 다양하게 나올 것이고 또 키 작은 사람은 140에서 160까지 다양하게 나올 것이다. 버스나 지하철 같은 대중교통의 천장 높이, 사무실의 공간 크기 등 여러 생활공간에서 이 두 그룹의 요구는 서로 다르게 되어 갈등이 심화하지 않을까 싶다. 지금도 인종, 종교, 세대 간, 남녀 간 등에 따라 갈등이 극심한데 만약 키 큰 사람과 작은 사람 두 그룹으로 양분된다면 서로 배척하고 외면하며 대립이 이만저만이 아닐지도 모르겠다 싶은 걱정이 들지 않을 수 없다. 그런 생각을 하면 조물주의 배려라고 해야 할지 아니면 인간의 자연적인 진화 결과라고 해야 할지 모르겠지만 지금처럼 중간 계층이 많고 양 극단이 적은 것은 대립과 갈등을 줄여 주는 효과가 있어 무척 다행이라 싶은 생각이 든다.

키만 그런 게 아니다. 사람의 체중도 다인자유전을 한다. 따라서 체중이 극단적으로 무거운 사람과 극단적으로 가벼운 사람은 적고 중간 정도인 사람이 압도적으로 많은 분포를 보이게 된다. 신장이나 체중이 중간 정도인 사람이 압도적으로 많다는 것은 이런 형질로 인한 갈등을 피하는 것도 의미가 있지만 옷이나 각종 생활도구 등의 공산품을 값싸게 대량 생산하는 데도 매우 유리하게 작용하게 된다. 대부분의 사람들을 위해 중간 크기의 제품 위주로 만들면 되기 때문이다.

사람의 지능은 어떨까? 20년쯤 됐을까? 호주의 어떤 과학자가 사람의 지능은 어머니에 의해 유전된다고 하여 큰 화제가 된 적이 있다. 당시 자녀가 공부를 잘하는 집에서는 여자가 으쓱하고 기고만장했겠지만 자녀의 공부가 기대에 미치지 못하는 집에서는 아버지가 자녀의 학업 부진을 어머니의 탓으로 돌리는 웃지 못할 일이 벌어지기도 했을 것이다. 당시 주변에서 지능이 어머니로부터 유전된다는데 사실이냐는 질문을 적지 않게 받았던 기억이 생생하다. 결론을 먼저 얘기하면 이는 전혀 근거 없는 얘기이다. 전문가나 또는 과학자라고 하는 사람들도 천차만별이어서 때로는 말도 안 되는 상식 밖의 주장을 하는 사람도 있으니 모두 다 그대로 받아들여서는 안 될 것이다.

어머니에 의해 유전되는 현상을 모계유전이라 한다. 세포의 유전자는 대부분이 핵 내의 염색체에 존재하는데 극히 적은 양이지만 세포질에 있는 미토콘드리아에도 약간의 유전자가 존재한다. 미토콘드리아는 호흡대사를 담당하는 세포질 내 소기관이다. 그런데 이 미토콘드리아에 존재하는 유전자는 항상 어머니로부터만 전달되며 아버지의 미토콘드리아 유전자는 자식에게 전혀 전달되지 않는다. 왜냐하면 난자와 정자가 수정될 때 정자는 핵만 제공하며 난자는 핵과 세포질을 모두 제공하므로 세포질에 있는 미토콘드리아는 당연히 어머니의 것만 자식에게 전달되는 것이다. 이렇게 핵 밖에 있는 유전자에 의한 유전은 바로 모계유전을 하는 것이다.

식물세포에만 존재하며 광합성을 책임지는 세포 내 소기관으로 엽록체가 있다. 엽록체도 미토콘드리아처럼 자체 유전자를 가지고 있다. 식물도 웅성배우자(정핵)와 자성배우자(난핵)가 수정될 때 웅성배우자는 핵만 제공하지만 자성배우자는 핵과 세포질을 함께 제공하게 된다. 그 결과 식물세포에서도 모계유전이 되는데 바로 이 엽록체에 있는 유전자의 경우 모계유전을 하게 되는 것이다. 미토콘드리아나 엽록체에 있는 유전자를 제외한 대부분의 유전자는 핵에 있는 유전자에 의해 유전되므로 아버지와 어머니가 똑같이 유전에 기여하게 되지 한쪽 성만 유전을 지배하지는 않는 것이다. 지능도 핵에 있는 유전자에 의해 유전되므로 지능이 어머니에 의해 유전된다는 생각은 전혀 사실이 아니다.

지능의 유전도 앞의 키나 몸무게 유전과 마찬가지로 다인자유전을 하므로 지능이 극단적으로 낮은 사람과 높은 사람으로 양분되는 것이 아니고 중간 정도인 사람이 압도적으로 많고 아주 높거나 아주 낮은 사람의 비율이 적어 종 모양의 정규 분포를 보이게 된다.

그런데 아버지와 어머니는 모두 평균 정도의 지능을 가진 평범한 사람인데 그 자녀에서는 때로 비상하게 머리가 좋은 수재가 태어나기도 하며 정반대로 아버지와 어머니는 모두 대학 교수거나 사법고시에 모두 합격한 우수한 두뇌의 소유자인데 자녀는 평범한 수준도 못 될 정도로 공부가 영 시원치 않은 경우도 볼 수 있다. 이렇게 부모와 전혀 다르다시피 한 유전현상을 보이는 이유는 무엇일까? 그 비밀은 염색체의 재배열이다. 머리가 평범한 아버지와 어머니에게도 일부 지능을 좋게 하는 유전자가 있었지만 평범한 유전자가 더 많아 그것이 발현되지 못하고 있다가 생식세포가 형성될 때 염색체 재배열이 일어나면서 지능을 좋게 하는 유전자가 더 많이 조합되어 나타날 수도 있는데 그럴 경우 평범한 부모 아래에서 뛰어난 자녀가 태어날 수 있는 것이다. 같은 이치로 정반대의 결과도 나타날 수 있게 된다. 물론 그렇게 될 가능성은 낮고 머리가 좋은 부모에서는 머리가 좀 더 좋은 자녀가 태어날 확률이 높은 것이 사실이지만 예상 밖의 결과가 나오는 경우도 종종 있으며 이러한 현상은 자연스런 일로 위에서 설명한 대로 유전적으로 얼마든지 가능한 현상이다.

이런 현상을 좀 더 극단적으로 확장하여 아인슈타인 같은 천재 남성과 퀴리 부인 같은 뛰어난 여성이 결혼했을 때를 가정해 보자. 이 경우 그 자녀가 부모처럼 천재가 될 가능성은 그리 높지 않다.

물론 평균 이상의 두뇌를 가질 가능성은 매우 높겠지만 부모에서처럼 천재가 될 가능성은 높지 않다는 것이다. 그렇게 뛰어난 사람의 유전자를 그대로 물려주려면 복제인간을 만드는 방법밖에 없으며 유성생식으로는 염색체 재배열과 다인자유전 등의 현상으로 기대만큼 뛰어난 자녀가 나타나기 어려운 것이다.

물론 지능이란 것은 100% 부모에게서 물려받은 유전인자로만 결정되는 것은 아니고 교육 등과 같은 환경적 요인도 작용하여 복합적으로 나타나게 되므로 단순히 유전적 요인으로만 설명할 수도 없다. 지능의 유전뿐 아니다. 대부분의 유전현상에는 유전인자 외에 환경적 요인도 상당 부분 관여하여 결정된다. 따라서 '맹모삼천지교'는 이 시대에도 여전히 유용하고 가치 있는 자녀 교육 방식이라 할 수 있다.

식물복제 이야기

• • 식물복제는 첨단과학이 아니라 수백 년 전부터
이어져 온 고리타분한 단순 기술일까?

몇 년 전 대학에서 함께 근무하는 몇몇 교수들과 경주 남산을 답사한 적이 있다. 남산 쌍탑에서 출발하여 이영재를 거쳐 봉화대 능선을 타고 오르다 신선암 마애보살상과 칠불암 마애불을 배견한 후 천룡사지를 거쳐 천룡골로 내려오는 답사산행이었다.

천룡사지 위의 보리밥집에서 지친 몸을 잠시 쉬면서 점심을 먹고 시원한 막걸리도 한 사발씩 들이키고는 다시 하산 길에 들어섰다. 천룡사지를 지나서 조금 더 내려오니 한때는 사람이 살았지만 지금은 모두 떠나고 나이 먹은 감나무 몇 그루가 이전에 주민들이 살았던 곳임을 보여 주는 마을 터가 나왔다. 뒤따라오던 동료가 큰 소리로 필자를 불렀다.

"정 교수님, 여기 감나무 좀 보세요. 감나무가 모두 뿌리목은 새까만데 줄기는 갈색이니 이게 무슨 일이지요?"

그러고 보니 감나무 몇 그루가 하나같이 뿌리목은 새까만데 위쪽 줄기는 회갈색으로 뚜렷하게 구별된다. 무심코 내려오던 다른 동료들도 그 말을 듣고 "어 정말 그러네." 하고 신기해한다. 문화재도 살펴보고 또 숲과 나무에 대한 이야기도 하면서 하던 산행이니 어느새 나무에 대해 유심히 살피게 됐나 보다. 필자는 동료들의 예리한 관찰력에 감탄하면서 물음에 대해 대답하기 전에 질문부터 했다. "단감을 먹고 나오는 단감나무 종자를 심어 기르면 어떤 감이 열릴까요? 단감이 열릴까요? 아니면 떫은 감이 열릴까요?" 그러자 이구동성으로 "단감나무 종자를 심으면 당연히 단감이 열리겠죠." 하며 무슨 초등학생 취급을 하느냐는 투로 쳐다본다. 실제 그럴까? 정답은 〈그렇지 않다〉이다. 왜 그럴까? 원래 감은 타닌을 높은 농도로 함유하고 있어 떫게 마련인데 단감나무는 돌연변이로 이 타닌을 충분히 만들지 못하게 되어 떫은맛이 나지 않게 된 것이다. 그런데 이 감의 종자를 심으면 돌연변이 된 열성인자가 동형접합이 되어야 단감이 되는데 대부분의 감나무는 어미와는 달리 이형접합이 되므로 떫은 감이 열리는 것이다. 단감뿐 아니라 과육이 연하고 아주 큰 감이 열리는 품종인 대봉감이나 납작한 모양에 과육이 단단하여 곶감 만들기에 좋은 청도반시도 종자를 심어 기른 나무에서는 대부분 모주와는 전혀 다른 작고 볼품없는 돌감(작은 야생 감을 이르는 말)이 열리게 된다.

고욤나무에 접붙인 감나무.

왜 어미의 형질을 닮지 않고 그렇게 열등한 감이 열리는 나무가 태어날까? 대봉감이나 청도반시 등 품질이 좋아 많이 재배하는 품종은 자연에서 아주 드물게 어쩌다 생긴 우량 품종이거나 아니면 육종가가 각고의 노력 끝에 수많은 교배 실험 결과 우량형질이 나타나도록 유전자가 조합된 품종이다. 자연에서 저절로 생겼든 과학자가 육종 끝에 개발했든 간에 이런 조합은 쉽게 일어나는 것이 아니고 매우 드물게 일어나므로 새로운 품종을 개발하는 것은 결코 쉬운 일이 아니며 많은 비용과 시간이 요구되는 것이다. 그런데 이런 형질의 조합을 가진 식물도 종자를 맺을 때는 자웅의 생식세포가 감수분열 할 때 염색체 재배열이 일어나 부모와는 매우 다른 형질을 가진 자손이 되어 버린다. 따라서 이들 품종이 품종의 특성을 잃지 않고 번식하려면 종자로는 안 되고 무성번식을 해야 하기 때문에 사람들은 어려운 접붙이기 기술을 사용하여 접붙이기 방법으로 감나무를 번식시키는 것이다.

이런 접붙이기 번식 방법은 감나무에서만 적용되는 것은 아니다. 사과, 배, 복숭아, 자두, 감귤, 밤나무 등 대부분의 과일나무는 접붙이기로 번식하는데 바로 어미 나무의 형질을 그대로 전달할 수 있기 때문이다. 과수뿐이 아니다. 꽃이 아름다운 고급 장미도 종자를 심으면 어미와 다른 형질의 개체가 생기고 전혀 다른 꽃이 피게 된다. 따라서 장미를 번식할 때는 찔레를 먼저 길러 찔레 묘목에 장미를 접붙이기 하는 방법을 쓰게 된다. 물론 장미의 종자를 심어 장미를 접붙여도 되지만 장미는 종자가 적게 맺고 대량으로 구하기도 어려우므로 구하기 쉽고 또 생명력이 강한 찔레나무를 대목으로 사용하는 것이다.

자 이제 다시 본론으로 돌아가서, 그렇다면 감나무의 뿌리목이 왜 새까말까? 눈치 빠른 독자라면 아마도 접붙이기가 원인이란 것을 짐작했을 것이다. 장미를 접붙이기 할 때 장미보다 찔레를 대목으로 많이 이용하듯이 감나무를 접붙이기 할 때도 감나무 외의 다른 나무를 대목으로 이용할 수 있는데 바로 고욤나무이다. 고욤나무는 감나무과의 낙엽교목으로 감나무와 사촌쯤 되는 나무라 할 수 있는데 대추보다 조금 작은 열매가 열리며 열매의 모양은 감과 똑같고 떫은맛이 아주 강하다. 그런데 이 고욤나무는 뿌리가 새까맣고 나이 먹은 줄기도 감나무보다 훨씬 어두운 흑갈색이다. 따라서 줄기가 회갈색인 감나무와 뚜렷이 구별되는 것이다. 천룡사지 부근의 옛 마을에 자라고 있는 감나무는 모두 고욤나무에 접을 붙인 감나무였던 것이다. 그렇다고 재배하는 모든 감나무의 뿌리목이 새까만 것은 아니고 구분이 안 되는 것도 많다. 그 이유는 감나무 종자를 심어 기른 감나무 대목에 접붙이기 하면 뿌리와 줄기가 똑같은 종이므로 구분이 안 되는 것이다.

어쨌거나 접붙이기는 아무나 할 수 있는 기술은 아니지만 옛날부터 사용해 온, 식물을 복제할 수 있는 기술인 것이다. 우리는 생물복제라고 하면 모두 첨단 기술이 동원되어야 하는 줄 생각하기 쉽지만 식물의 경우에는 이미 오래전부터 농민들이 사용한 일반화된 기술인 것이다.

과일나무의 접붙이기만 복제기술이 아니다. 고구마를 재배할 때는 고구마에서 싹을 틔워 그 순을 잘라 심는 꺾꽂이로 재배하게 되는데 하나의 고구마에서 잘라 낸 고구마 순으로 기른 모종은 모두 유전적으로 똑같은 복제식물이 된다. 또 감자를 재배할 때 감자를 여러 토막 내어 심는데 이 역시 복제식물이 되는 것이다. 식물이 이처럼 복제가 어렵지 않은 것은 분화된 조직이 역분화하여 재분화되는 성질이 강하기 때문인데, 이러한 성질을 전능성(全能性, totopotency)

또는 전 분화능력(全 分化能力)이라고도 한다.

접붙이기가 가장 어려운 식물복제 기술로 생각하기 쉽지만 이보다 더 극적인 방법도 있으니 바로 식물조직배양기술이다. 이 역시 식물의 전능성을 이용한 기술로 흔히 번식이 아주 어려운 식물의 대량번식에 이용한다. 식물조직배양은 식물의 세포, 조직 또는 기관을 적절한 성분의 영양배지에서 무균상태로 배양하여 수많은 새 식물체로 증식하는 기술로, 유전적으로 동일한 식물체를 짧은 기간에 대량으로 배양하는 장점이 있는데 특히 양란(洋蘭) 재배에 일대 전기를 이룬 기술이다. 식물조직배양이 일반화되기 전에는 양란을 포함한 난초 종류는 상업적 증식이 오로지 분주(分株, 포기를 나누어 심는 번식 방법)에 의했는데 난초는 성장이 무척 느리므로 분주에 의한 번식 또한 매우 더뎌 공급이 부족할 수밖에 없었다. 따라서 난초는 가장 값비싼 고급 화초의 대명사였고 너무 비싸 일반인들이 구입하기 어려워 돈 많은 호사가들의 취미로만 치부되었다. 그러나 1980년대 이후 조직배양을 이용한 양란의 대량증식이 보편화되고 시장 공급이 획기적으로 늘어나자 양란 가격은 큰 폭으로 하락하게 되었다. 꽃이 화려하고 무척 오래 가기도 하여 실내 장식용으로 인기 높은 호접란은 이런 조직배양으로 증식되어 우리 곁에 있는 대표적인 양란 종류이다.

그렇다면 동물복제도 그렇게 간단할까? 고등동물의 경우 세포나 살점 같은 조직을 떼어 내서 암만 배양해도 세포만 늘어나지 역

분화하여 재분화하는 일은 결코 일어나지 않는다. 동물세포나 조직은 식물세포와 같은 전능성이 없는 것이다. 따라서 현재 기술로는 고등동물을 복제하려면 난자를 채취하여 난자의 핵을 제거하고 복제할 동물의 체세포 핵을 대신 넣어 전기 자극 등으로 난할을 일으킨 후 대리모에 착상시켜 임신시켜 출산하는 방법 외에는 다른 방법이 없다. 우리가 잘 알고 있는 세계 최초의 복제동물인 복제양 '돌리(Dolly)'도 그와 같은 방법으로 태어났다. 동물을 복제하는 것은 이처럼 매우 어렵고 복잡하며 또 성공 확률도 높지 않은데 최초의 복제동물인 돌리가 태어난 게 1996년으로 불과 20여 년 전이었으니 그만큼 동물의 발생 생리가 복잡하다고 볼 수도 있겠다.

조금 더 덧붙여 보자. 2018년 4월에 모 대학의 어떤 교수가 남명매의 종자를 발아시켜 얻은 남명매 후계목을 길러 내어 남명사상 연구기관인 진주 경상대학교의 남명관 앞에 심었다는 언론 보도가 난 적이 있다. 남명매는 경남 산청군 시천면에 있는 남명 조식 선생의 유적지인 산천재에 있는 유명한 매화나무로 남명 조식 선생이 직접 심었다고 전하며 수령 450년을 헤아린다. 종자에서 길러 내었으니 후계목이라고 해도 틀린 말이라고 할 수 없을지 모르지만 사실 식물의 후계목은 종자로 번식한 묘목보다는 접붙이기로 번식한 묘목을 심어야 옳다. 앞에서 종자 번식에 관해 설명한 대로 남명매의 종자를 심으면 남명매의 형질이 결코 그대로 전달될 수 없기 때문이다. 경우에 따라서는 흰 꽃이 피는 매화나무의 종자를 심었을 때 분홍 꽃이 피는 매화나무로 자라거나 그 반대의 경우가 생길 수도 있다. 그러니 식물에서 종자를 심어 후계목이라고 하는 것은 문제가 있는 것이다.

그러나 남명매의 가지나 눈을 따서 접붙이기로 번식한 묘목은 남명매의 형질을 100% 그대로 전달받게 된다. 따라서 접붙이기가 아주 어려운 종이 아니라면 특정 식물의 후계목은 종자 번식보다는 접붙이기나 꺾꽂이 등의 무성번식으로 양성한 묘목이 적합하다고 보는 것이다. 다만 꺾꽂이묘는 모주의 형질을 충실히 전달받긴 하지만 수명이 짧은 경우가 많으므로 가급적 접붙이기 묘를 양성하여 심는 것이 바람직하며 세간의 사람들이 보는 관점에서라면 남명매의 종자를 심어 기른 묘목에 남명매 가지를 접붙인 것이 가장 완벽한 남명매 후계목이라고 할 수 있겠다.

남자의 바람기와 여자의 바람기

• • 유전학 관점에서 풀어 본 남녀 바람기의 차이와 이유

드라마나 영화 그리고 소설에서 가장 많이 등장하는 스토리는 단연 남녀 간의 사랑 이야기일 것이다. 이런 사랑 이야기 중에서도 단골 소재는 배우자를 두고 바람피우는 사람의 이야기가 아닐까 싶다. 남녀의 바람 이야기는 우리 주변에서 흔한 일이기도 하면서 또 극적 요소를 갖추고 있어 소설가나 극작가가 이야기를 전개하기가 쉽다는 장점도 있다. 그러나 암만 재미있게 이야기를 전개해도 우리 주변에서 일어나지 않는 황당무계한 이야기라면 그렇게 흥미와 관심을 끌 수 있겠는가?

실제로 신문이나 TV 뉴스 등에서 부적절한 남녀 관계는 하루가 멀다 하고 보도되는 내용이기도 하다. 유명세를 누리는 사람의 남녀 관계나 뉴스거리가 되지 일반인들의 그렇고 그런 부적절한 남

녀 관계는 그런 뉴스거리가 되지 않는다는 것을 감안하면 차고 넘치는 것이 불륜 이야기라 할 수 있을 것이다.

주변에서도 배우자의 배신으로 가정이 파탄 나고 불행에 빠진 사람의 이야기는 수도 없이 보고 들을 수 있다. 가정이 있는 사람이 직장 내에서 이성 동료와 비밀스럽게 은근한 관계를 유지하는 여성과 남성을 일컫는 '오피스 와이프', '오피스 허즈번드'라는 말까지 있다. 그만큼 남녀의 바람기는 드물지 않은 일상적인 일이며 또 흥미로운 얘깃거리이기도 하다.

얼마 전 아주 전도유망한 정치인인 현직 도지사가 여비서와의 성추문에 휩싸여 하루아침에 나락으로 떨어진 사건이 있었다. 성폭행이 있었는지 아니면 합의에 의한 관계였든 간에 배우자가 있는 사람의 성적 일탈임은 틀림이 없다. 많은 사람들이 왜 그 정도의 대단한 위치에 있는 사람이 그런 위험한 남녀 관계를 벌였는지 이해하기 어려웠을 것이다.

어떻게 보면 한순간의 실수로 자신의 모든 것을 송두리째 잃은 것이다. 그런데 이런 일은 이번 일이 처음은 아니다. 수많은 권력자들은 말할 것도 없고 학식이 높은 사람들에게서도 이런 성 추문이 일어나 하루아침에 자신의 명예와 지위를 잃곤 한다. 우리나라 유수의 영화감독과 배우, 연극인, 그리고 문단의 거장으로 일컬어지던 문인까지 성추문에 휩싸여 잘못을 사과하고 일선에서 물러나기도 하고 또는 법정에 서는 일로 이어지고 있기도 하다.

그렇다. 제3자가 도저히 이해할 수 없을 정도로 어처구니없는 일이 벌어지기도 하는 것이 남녀 관계가 아닌가 한다. 딸과 같은 젊은 여자와 눈이 맞은 사람, 심지어는 손녀와 같은 또래의 여성과 얽혀 망신당하는 사람의 이야기도 어렵지 않게 들을 수 있다.

왜 이렇게 배우자가 있는 남성이 다른 여성과 불륜에 빠지거나 성추행을 하거나 추근거려 망신을 당하곤 할까? 남자가 바람을 피우는 상대는 여성이니 남녀 간의 바람기는 비슷할 것 같지만 그 바닥에 흐르는 본질은 서로 다른 것 같다. 반드시 그렇다고 할 수는 없을지 몰라도 남성의 경우는 대부분 자신의 배우자를 여전히 사랑하며 가정을 파탄 낼 생각은 없이 다른 여성과 바람을 피우는 경우가 많은 편이다. 자신의 배우자를 여전히 사랑하고 있으므로 부적절한 관계를 맺고 있는 여성과 결혼을 한다거나 하기보다는 그저 가정을 지키면서 곁다리로 사귀기를 원하는 경우가 많은 것이다. 옛말에 '열 계집 마다하는 사내 없다'는 말은 남자들의 여성에 대한 관심이 단 한 명의 배우자로 쉽게 충족되지 않는 면을 비춘 것이 아닌가 싶다.

반면에 여성의 경우는 자신의 배우자를 여전히 사랑하고 있을 경우 바람을 피우는 일은 드물고 바람이 났을 경우는 자신의 배우자에게 크게 실망하고 있거나 만족하지 못하여 더 이상의 부부 관계를 지속할 의사가 없는 경우가 보다 많은 것 같다. 그러다 보니 가정을 파탄 내고 바람을 피우는 상대 남성과 결혼을 한다든지 관계를 진전시키는 데 보다 적극적인 경우가 많다. 즉 바람을 피우더라도 남녀 간에 배우자를 보는 그리고 바람을 피우는 상대에 대한 시각이 근본적으로 차이가 있는 것이다.

왜 바람을 피우는 남녀 간에 이런 근본적인 차이가 있는지는 유전학적인 측면에서 고찰해 보면 보다 쉽게 이해될 수도 있다. 남녀의 사랑이나 결혼은 궁극적으로 2세를 낳아 자신이 가진 유전자를 후대에 남기고자 하는 동물적인 본능의 발로에서 나타난다고 볼 수 있다. 이런 본능의 발로로 이성에게 호감을 가지게 되며 또 호감을 얻기 위해 부지불식간에 노력하는 것이 남녀 간의 관계라고 볼 수도 있을 것이다. 물론 사람의 사랑을 그렇게 동물적인 본능으로만 해석할 수 있느냐 하는 반론이 있을 것이라 보지만 유전학자인 필자는 인간의 본성을 가급적 생물학적인 관점에서 해석하고자 하는 것이니 독자 제위께서는 이런 필자의 관점에 대한 이해를 바라 마지않는다.

그런데 후세를 생산하여 자신의 유전자를 남기는 데 있어서 남녀 간에 뚜렷한 차이가 있는데 후세인 자녀는 아버지와 어머니의 유전자를 정확히 절반씩 소유하지만 아버지는 유전자만 제공할 뿐 임신과 육아의 책임에서는 상대적으로 자유스럽다. 현대 인류사회는 대개 일부일처제로 어머니가 육아에 전념하더라도 아버지가 노동을 하여 육아에 필요한 경제적 지원을 하게 되니 사실상 아버지도 임신과 출산 후의 양육에 크게 기여한다고 볼 수 있지만 원시

인류사회는 모계사회였으므로 육아에 대한 책임은 사실상 여성이 거의 다 짊어질 수밖에 없었다. 남성은 잉태까지만 책임지고 그 이후는 나 몰라라 하며 아기의 임신과 출산 및 출산 후 양육의 모든 책임은 여성이 고스란히 짊어지게 되었던 것이다. 어찌 보면 너무나 불합리하고 여성으로선 억울하고 괘씸한 일이지만 모계사회의 본질은 그렇다.

이런 모계사회의 양육 책임은 동물세계를 보면 더 쉽게 이해된다. 까치나 비둘기처럼 암수가 함께 둥지를 짓고 합심하여 새끼를 기르는 경우도 있지만 수컷은 짝짓기로 임신만 시키고 나 몰라라 하고는 암컷에게 전적으로 육아를 맡겨 버리는 경우도 많다. 호랑이, 곰 등 대부분의 동물이 수컷은 짝짓기로 씨만 뿌릴 뿐 새끼의 양육은 오롯이 암컷의 몫이다. 인간과 가장 가까운 동물인 영장류의 오랑우탄이나 침팬지, 고릴라 등에서도 임신과 출산 및 새끼 양육의 모든 책임은 암컷에게 부과된다. 이처럼 여성에게 육아의 책임이 떠맡겨지는 모계사회가 오래 지속되었으므로 인류의 유전자 속에는 모계사회에 적응된 유전자가 남아 있다고 볼 수 있다.

모계사회의 남성은 한 여성에게만 애정을 쏟고 집중하기보다는 잉태를 시킨 후에는 미련 없이 다른 여성에게 접근하여 새 여성으로부터 호감을 사는 것이 유리하게 된다. 이미 잉태시킨 이전 여자의 자녀는 어미가 기를 테니 더 이상 투자할 필요가 없는 것이다. 따라서 모계사회에서의 남성은 끊임없이 여성 편력을 하게 된다.

한 여성보다는 두 여성을 사귀는 게 유리하고 둘보다는 셋, 넷, 다섯… 이렇게 사귀는 여성이 많을수록 자신의 유전자를 더 많이 남기는 데 유리한 것이다.

그러면 여성의 경우는 어떠한지 따져 보자. 여성은 자신이 임신하고 또 출산 후에도 육아를 책임지게 되므로 평생 낳게 되는 자녀의 수가 제한적이다. 아무리 많은 남자와 관계해도 1년에 한 명보다 더 많은 자녀를 낳을 수는 없는 것이다. 따라서 자신에게 주어진 기회에 대해 보다 신중해질 수밖에 없다. 별로 보잘 것 없는 유전자를 지닌 남성과의 사이에서 자녀를 가져 자녀의 생존력과 적응력이 떨어지면 안 되므로 아무 남자나 사귀면 곤란하다. 한 아이를 낳아 기르는 데는 수년간의 투자를 해야 되므로 보다 더 신중하게 튼튼하고 강한 그리고 지혜로운 남자를 선택하여 더 좋은 유전자를 가진 자녀를 낳으려고 노력하게 될 것이다. 시원찮은 유전자를 가진 남성을 만나 경쟁력이 약한 후세를 낳더라도 똑같이 수년간 보살펴야 하므로 후세를 가지는 데 보다 신중할 수밖에 없는 것이다.

그리고 여성의 경우는 한 번에 여러 명의 남성과 사귀면서 관계를 가지더라도 일정 기간에 낳을 수 있는 자녀의 수는 어차피 똑똑한 한 명의 남성하고만 관계를 맺는 경우와 결과가 달라지지 않는다. 다시 말해 남성의 경우는 동시에 여러 명의 여성을 사귈 경우 여러 명의 자녀를 얻을 수 있지만 여성은 사귀는 남성의 수와 자녀의 수에 아무런 관계가 없는 것이다. 따라서 여러 명의 여성을 사귀려는 남성에 반해 여성은 강하고 똑똑한 한 남성을 선택하는 데 더 주의를 기울이고 신중하게 될 것이다.

또 막상 어떤 강한 남성을 배우자로 선택했지만 그보다 더 강한 남성이 나타날 경우 이전의 남성은 버리고 새로운 강자를 선택할 당위성이 생기게 된다. 더 강한 수컷이 나타나면 언제나 그 강한 수컷이 암컷을 차지하고 이전의 패퇴한 수컷은 쫓겨나는 현상은 사자, 개코원숭이, 물개, 여러 종류의 사슴 집단 등 수많은 동물에게서 일반적으로 볼 수 있는 현상이다.

많은 동물들에게서 볼 수 있는 이러한 현상은 지금 인류가 그렇다는 것이 아니고 우리의 선조들이 그런 모계사회를 겪어 왔다는 이야기이다. 비록 우리는 지금 일부일처 시대를 살고 있지만 오랜 모계사회를 살아오면서 진화하고 이어져 온 본능과 DNA가 쉽게 일부일처제에 적합하게 바뀌지는 않는 것이다.

최근 영국 세인트앤드루스 대학의 케이트 크로스(Kate Cross) 교수가 남녀 관계에 대해 발표한 연구 결과도 이와 비슷한 결과를 보여주는 것이어서 흥미롭다. 케이트 교수는 '가질 수 없는 남성을 좋아하는 여성들의 심리'라는 제목의 연구 결과를 발표했는데, 남성에게 애인이나 배우자가 있다는 사실이 일부 여성에게 매력적인 정보로 활용된다는 사실을 밝혀냈다. 케이트 교수의 설명에 따르면 이미 짝이 있는 수컷은 암컷에게 '검증됐다'라는 느낌과 확신을 준다.

이와 마찬가지로 여성도 애인이 있는 남성이 '능력 있고', '충실할 것 같다'는 느낌을 받게 돼 호감을 느낀다는 것이 연구진의 설명이다. 얼핏 여성은 짝이 없는 남성 중에서 애인이나 배우자를 고를 것 같지만 반드시 그렇지 않다는 것은 '검증되고 능력 있는' 남성에게 호감을 가질 수 있다는 것을 보여 주는 연구 사례로 우수한 남성을 선택하는 예가 되면서 또한 여성의 성적 일탈을 설명할 수 있는 연구 결과라 할 수도 있겠다.

그러나 인류는 본능에만 따르는 것이 아니고 합리적이고 이성적인 판단을 할 수 있다. 본능대로만 살아가는 것이 아니고 대부분의 경우 이성적인 사고와 판단으로 본능을 억누를 수 있는 것이다. 따라서 매력적인 이성이 옆에 있다고 하더라도 배우자를 두고 바람을 피우는 경우는 그리 많지 않을 것이다. 하지만 본능이란 것은 또 언제나 이성을 억누르고 꿈틀거릴 수 있는 것이므로 그러한 일탈은 앞으로도 사라지지 않을 것이며 인류가 지속되는 한 이어져 가게 될 것이다.

남녀의 단산斷産 시기가 크게 다른 이유는?

••왜 여성은 중년에 생식 능력이 사라지고 마는가?

우리 속담에 노인의 성적 능력을 빗대어 '나이 많은 영감님도 문지방만 넘으면 애기를 낳을 수 있다'라든지 또는 '아무리 나이 먹은 노인이라도 유과 한 장 들 수만 있다면 자녀를 낳을 수 있다'라고 하는 얘기가 있다. 이 속담은 우스개처럼 하는 것이어서 상당히 과장된 면이 있고 액면 그대로 받아들이기는 어려울 것이다. 그렇지만 남자는 상당히 나이가 들어도 남자로서의 성적 능력을 유지하는 것이 자연스러우며 예외적인 일이 아니라는 것은 의학적으로 잘 알려진 사실이다. 환갑이 넘은 60대 남성이 부인과 사별한 후 젊은 여성과 재혼하여 자식을 낳는 예는 그리 보기 드문 일은 아니다.

아기 아빠로서 고령자 기록을 보면 사실 60대 아기 아빠는 애깃거리도 되지 않는다. 초고령 남성의 자녀 출산 기록으로는 2012년 인도에서 96세의 나이에 둘째 아들을 낳은 람지트 라그하브(Ramjit Raghav, 1916~)를 들 수 있다. 이 대단한 할아버지는 당시 61세의 부인 샤쿤달라(Shakuntala Devi)와의 사이에 둘째 아들을 낳아 세계를 놀라게 했는데 이 할아버지 부부는 2년 전에는 94세의 나이로 첫째 아들을 낳아 세상을 놀라게 한 바 있으니 90세 이상의 초고령에 자녀를 둘이나 얻은 것이었다. 또 다른 초고령 출산 기록으로는 1992년에 92세의 나이에 38세의 젊은 부인과의 사이에 자녀를 얻은 호주의 콜리(Les Colley, 1898~1998)를 들 수 있는데 이 할아버지는 92세에 낳은 자녀가 9번째 자녀였다. 물론 이렇게 90대에도 자식을 생산할 정도의 정력 좋은 할아버지는 특별한 경우라고 봐야 할 테니 60~80대 할아버지가 능력 없다고 너무 무시하고 몰아붙이는 아내는 없었으면 좋겠다.

그러면 여자는 어떤가? 여성은 개인적인 차이는 있지만 대개 50세 무렵이면 폐경이 오고 더 이상 자녀를 낳을 수 없게 된다. 2018년 현재 우리나라 여성의 평균적인 폐경 나이는 49.3세 정도지만 폐경 전이라 할지라도 사실상 45세가 넘은 여성의 임신은 매우 어려우며 대개 40세를 넘기면 젊은 여성에 비해 자연 임신의 확률이 현저히 떨어지게 된다.

전 세계적으로 봐도 자연 임신에 의한 여성의 노령 출산 기록은 대부분 50대에 국한된다. 1818년 영국의 조지 사운더(George Saunders)

부인은 58세에 자연 임신으로 출산에 성공한 바 있다고 한다. 앞에 고령자 아빠의 예로 든 람지트 라그하브의 부인은 59세와 61세에 출산한 것으로 되어 있으나 가족없이 자란 그녀의 이력으로 보아 정확한 나이인지 믿기 어려운 것으로 보인다. 다른 예도 있을 수 있겠지만 여성의 경우 50대 자연 출산은 그만큼 어렵고 드문 현상으로 인식되고 있다.

최근 들어서는 50대 고령 여성의 임신과 출산이 다수 보고되고 있고 때로 60대 이상 여성의 임신 출산 예도 보고되어 사람을 놀라게 하지만 대부분의 경우 의료진 도움으로 호르몬 대체 요법을 받거나 다른 여성으로부터 제공받은 난자를 이용한 체외 수정 등으로 임신 및 출산하는 경우가 많으므로 자연적인 임신에 의한 출산과는 달리 봐야 할 것이다. 물론 이런 첨단 의료 혜택을 받더라도 여성의 고령 출산 기록은 여전히 60대에 머무르고 있어 자연적인 남성 고령 출산과 비교하더라도 훨씬 낮음을 알 수 있다.

세계 최고령 출산 기록은 지난 2006년 12월 미국 로스앤젤레스의 한 병원에서 시험관 수정을 통해 임신하여 쌍둥이를 출산했던 마리아 델 카르멘 부사다(María del Carmen Bousada, 1940~2009)가 보유하고 있는데, 당시 산모의 나이는 66살이었다. 시험관 수정에 의한 임신이었으므로 호르몬 등의 요법으로 의사가 임신에 적합한 몸으로 인위적으로 조절하여 임신한 것이라 자연 임신과는 비교할 수 없는 일이지만 어쨌거나 60세가 넘는 여성이 임신이 가능하다는 것은 상당히 충격적인 일이었다. 당시 부사다의 출산으로 노령 산모가 출산 후 자녀가 성인에 이를 때까지 자녀 양육이 가능한지 등에 관해 산모의 적정한 출산 연령과 병원의 책임을 놓고 격렬한 찬반 논쟁이 벌어지기도 했다. 여성이 너무 늦은 나이에 자녀를 낳는 것과 이를 돕는 병원과 의료진의 행위는 자녀의 장래를 생각하면 너무 무책임하다는 여론이 적지 않았던 것이다. 이에 대해 부사다는 자신이 병원에 나이를 속였고 어머니가 101살까지 살았기 때문에 자신도 아이를 기를 수 있는 충분한 시간이 있다고 주장했다. 그러나 부사다는 출산 후 2년여가 지난 2009년 12월에 만 세 살이 채 안 되는 두 쌍둥이를 남기고 세상을 떠나고 말았다. 부사다의 사망 원인은 난소암으로 확인됐는데 출산 직후 종양이 발견됐다고 한다. 지금 세상이야 어머니가 죽더라도 남은 가족이나 친척이 아이들을 보살피거나 아니면 보육 시설에서 아이들을 돌봐 주겠지만 원시사회라면 속절없이 아기들도 엄마 따라 저세상으로 가고 말았을 것이다.

남자는 노인이 되어서도 자녀를 낳을 수 있는데 이처럼 여성은 40대에도 자식을 갖는 데 있어서 어려움을 겪는 이유는 무엇일까? 왜 조물주는 이렇게 심하게 남녀 차별을 하게 되었을까? 단순히 남녀의 생리적 차이라 생각하면 그만일 수 있지만 남녀 간에 그런 생리적 차이가 나타난 데는 분명 이유가 있을 것이다. 필자는 이 문제를 역시 유전적 관점에서 접근해 보고자 한다.

자녀를 낳는 것은 자신의 유전자를 다음 세대로 남기는 행위이며 모든 생물은 자신의 유전자를 다음 세대에 더 많이 남기려고 최선의 노력을 하게 된다. 생물의 수많은 행동이나 생리적 진화 결과 등은 알고 보면 자신의 유전자를 더 많이 후세에 남기려는 노력과 결부되게 마련이다. 이런 관점에서는 인간도 예외가 아니다. 사람이 자녀를 낳는 것은 궁극적으로 자신의 유전자를 후세에 남기는 행위이며 더 많은 자녀를 낳는 것이야말로 자신의 유전자를 더 많이 남기는 것과 직결되는 것이다. 그런데 여성의 인체 생리는 왜 갱년기가 되면서 스스로 아기 낳기를 포기하는 쪽으로 진화되었을까?

이전 원시인 시대엔 지금처럼 남녀가 일부일처제로 살기보다는 일부다처제 또는 모계사회였을 것으로 보고 있다. 지금도 이슬람 문화권에서는 일부다처제가 남아 있다. 일부다처제에서는 자녀의 양육 책임을 어머니가 더 많이 지게 마련이다. 모계사회에서는 어머니가 가정의 중심이 되며 아버지는 아이의 양육에 대해 책임을 지지 않는다. 만약 노약하거나 병약한 어머니가 아기를 낳게 되면 낳은 자식이 성인이 될 때까지 돌보지 못하고 도중에 죽게 될 확률이 높아지게 될 것이다. 그런데 다른 동물과 달리 인간은 성장이 매우 느려 스스로 독립하여 살아갈 수 있을 때까지 아주 오랜 기간이 소요된다. 적어도 15세는 되어야 자기 앞가림을 할 수 있고 부모의 도움 없이 스스로 살아갈 수 있게 되는 것이다.

만약 모계사회에서 어머니의 나이가 45세쯤 되어 자녀를 낳으면 어떻게 될지 한번 생각해 보자. 불과 100년 전까지만 해도 인간의 평균 수명은 50세가 채 되지 않았다. 물론 이처럼 평균 수명이 짧은 것은 유아 사망률이 매우 높아 평균 수명을 많이 깎아 먹은 측면도 있지만 실제로 60세 환갑까지 살면 비교적 장수한다고 생각할 정도로 수명이 짧았던 것도 사실이다. 이전엔 만약 45세에 아기를 출산하면 어머니가 건강하게 아기를 기를 기간은 불과 10년 정도에 불과하며 50세에 출산한다면 애기가 걸음마를 할 무렵이면 엄마는 이미 늙어 더 이상 자식의 뒷바라지를 할 수 없는 나이가 되어 버리는 것이다. 결국 어머니는 아이가 자립할 수 있을 정도로 성장하기 전에 먼저 죽게 되고 자라던 어린이는 더 이상 돌봐줄 사람이 없어 장성하지 못하고 죽게 되어 더 많은 유전자를 남기려는 어머니의 시도는 실패로 돌아가고 말 것이다. 차라리 나이 들어 낳지 않고 이미 낳은 아이에게 집중적으로 투자하는 게 더 유리한 방편이 될 수 있다.

이전에 인구 증가를 가로막는 가장 중요한 제한 요인은 식량과 전쟁, 그리고 질병이었다. 즉 먹을 게 없어서 굶어 죽거나 기아에 허덕이는 경우가 무척 많았던 것이다. 아기를 낳아 기르다 충분한 영양 섭취를 하지 못하면 면역력이 약해져 병에 걸릴 위험도 증가하게 되고 또 종내경쟁이나 종간경쟁에서 우위를 확보할 수 있을 정도로 튼튼하고 건강하게 자라기 어렵게 된다. 결국 더 많이 낳는 것보다는 적당한 시기에 단산하고 이미 낳은 아이에게 더 투자하는 것이 자기의 유전자를 후대에 더 많이 남기는 데 유리한 전략이 되는 것이다. 자신의 유전자를 후대에 많이 남기는 것은 얼마나 많은 자식을 낳느냐에 의해 결정되는 것이 아니고 얼마나 많은 자식을 키워 내고 다음 대를 또 생산하게 하느냐에 달려 있기 때문이다. 이런 관점에서 보면 여성의 경우 무작정 죽을 때까지 자식을 낳는 것보다는 일정 시기까지만 자식을 낳고 나머지 기간은 이미 낳은 자식에게 투자하여 생존율을 높이는 쪽으로 방향 전환을 하는 게 절대적으로 유리한 전략이 되는 것이다.

그렇다면 남자의 경우는 왜 나이가 들어서도 자식을 낳는 능력이 사라지지 않고 지속될까? 앞에서 설명한 대로 모계사회의 경우 남자는 자녀의 양육에 적극적으로 참여하지 않으므로 여성과는 달리 무조건 많이 낳는 것이 자신의 유전자를 후대에 더 많이 남기는 데 유리하게 작용하게 된다. 쉽게 말해 아기는 어머니가 기르게 되므로 아버지는 어머니에게 임신만 시키면 되기 때문에 나이가 들어서도 생식 능력을 유지하는 것이 절대적으로 유리하게 되는 것이다.

그렇다면 옛날이야 사람의 수명이 짧았으니 그렇다고 치더라도 지금은 수명도 대폭적으로 늘어났는데 여성도 더 늦게까지 생식 능력을 가지는 게 좋지 않겠느냐 생각할 수도 있겠다. 그런데 사람뿐 아니라 모든 생물에서 진화는 필요하다고 당장 즉각적으로 일어나는 것은 아니고 매우 오랜 세월 동안 조금씩 변화가 축적되어 일어나는 것이므로 수명이 늘어났다고 당장 그런 변화는 일어날 수 없다. 진화에는 우리가 생각하는 것보다 더 많은 시간이 필요하기 때문이다.

그러면 이번에는 다른 동물의 경우를 살펴보자. 대부분의 동물에서는 인간과 달리 나이가 들어도 암컷은 대체로 생식 능력을 유지하는 경우가 많다. 물론 수명이 긴 동물의 경우 나이가 들면 생식 능력을 상실하는 경우도 있지만 그런 경우가 오히려 예외적이며 나이 들어도 생식 능력을 가지는 경우가 훨씬 더 많다. 왜 인간의 경우와 달리 동물에서는 이처럼 나이 든 암컷도 생식 능력을 유지하는 쪽으로 진화하게 된 걸까?

동물은 대부분 인간과 비교할 수 없을 정도로 수명이 짧다. 대신 스스로 자립하는 데 소요되는 성장 기간 또한 극히 짧다. 따라서 어미가 나이 들어서도 먼저 낳은 새끼는 진작 독립했으므로 더 이상 어미에게 기대지 않는 경우가 대부분이며 새로 낳은 새끼에게만 투자하면 되는 것이다. 따라서 나이 들어 마지막 새끼를 기르다 죽더라도 이미 독립한 새끼들은 영향을 받지 않으며 그 마지막 새끼의 희생으로 끝나게 된다. 따라서 자신의 유전자를 많이 남기기 위해서는 최대한 늦게까지 자신의 새끼를 낳는 것이 더 유리하다.

집에서 기르던 핑코라는 진돗개 암캐가 있었다. 열 살 무렵부터는 새끼를 낳아도 젖이 제대로 나오지 않아 강아지들은 우유를 먹여 기르곤 했다. 나이 열 살이 넘어서도 발정이 나고 새끼를 갖곤 하여 이를 돌보는 일이 무척 힘들어 필자로서는 단산했으면 싶었지만 노령에도 꾸역꾸역 강아지를 낳곤 했던 것이다. 어미개의 입장에서는 이전에 출산한 새끼들은 이미 독립한 후이므로 그들에게는 영향이 없고 잘못되더라도 지금 낳은 새끼에게만 한정되므로 생애 마지막 순간까지 후세를 생산하는 게 더 유리하게 작용하니 동물에게서는 노령 출산이 흔한 현상이 되는 것이다.

백수의 왕 사자의 무리 쟁탈전과 암사자의 중립 지키기

••강한 자가 살아남는 자연선택의 현장

미국 네바다 지역에는 스페인 정복자들이 들여왔다 야생화된 머스탱이라 불리는 야생마가 살고 있다. 원래 사람이 기르던 말이지만 오랜 기간 사람의 손길 없이 자연에 적응하여 다시 야생화된 말이다. 머스탱 서식지 일대는 강수량이 무척 적어 물을 마실 수 있는 물웅덩이는 이들의 생존에 아주 중요한 필수 요소가 된다. 머스탱은 한 마리의 강한 수컷이 여러 마리의 암말을 거느리며 집단을 이루고 산다. 만약 가뭄이 지속되어 서식지 물웅덩이에서 물이 바닥나면 무리는 다른 집단이 점유하고 있는 물웅덩이를 뺏기 위해 싸움을 벌이게 된다. 물웅덩이를 놓고 벌이는 이 싸움에는 무리의 모든 말이 참가하는 게 아니고 오직 대장 수말 간에만 격투가 벌어진다. 수말끼리 격투를 벌일 때 가족인 암말이 조금만 도와주면 침입자 수말을 패퇴시킬 수 있을 텐데 절대 그러지 않고 중립을 지킨다. 물론 침입자 수말을 따라 온 암말들도 중립이다. 싸움의 결과 패배한 수말은 쫓겨나고 승리한 수말이 물웅덩이와 남은 모든 암말의 주인이 된다. 조금 전까지의 남편이었던 말은 싸움에 지는 순간 쫓겨나고 암말로부터 버림받게 된다. 암말이 비정하고 의리 없는 것 같지만 암말 입장에서는 싸움에 지는 약한 수말보다는 가장 강한 수말과 짝짓기 하여 강한 후세를 남기는 것이 자신의 유전자를 후대에 더 많이 남기는 데 유리한 것이니 자연의 법칙에서 나무랄 수 없는 일이다. 동물세계에서 적자생존의 법칙이 가장 극명하게 드러나는 순간이다. 너무나 비정하지만 가장 강한 자가 살아남는다는 진화의 법칙이 새삼 확인되는 것이다.

이런 걸 보면 인간의 가족애는 다른 동물에서 볼 수 없을 정도로 각별하다. 아내를 허투루 여기는 남성들은 각성하고 항상 자기 편이 되어 주는 아내에게 고맙고 또 고맙게 생각해야 할 것이다.

초원에서 가족끼리 모여 사회생활을 하는 사자 무리도 비슷하다. 사자 역시 한 마리 또는 두세 마리의 수사자가 연합하여 무리를 이끌며 그 무리는 다수의 성체 암컷과 준성체 암수 및 어린 새끼들이 딸려 있게 된다. 사자 무리는 적게는 6~7마리 수준에서 많을 때는 30여 마리에 이를 정도의 대가족이 되기도 한다. 가족이라 할지라도 다 자란 수컷은 무리에서 쫓겨나므로 무리의 수와 관계없이 가족 구성은 언제나 대장 수컷과 다수의 암컷으로 이루어진 무리에 새끼가 딸려 있게 된다. 이런 사자 무리에 한 마리 또는 2~3마리가 연합한 떠돌이 수사자가 침입하면 암사자들이 전투를 지켜보는 가운데 기존의 대장 수사자와 도전자 간에 무리의 소유권을 두고 생명을 건 결투가 벌어지게 된다. 무리를 이끌던 대장이 싸움에서 승리하면 무리는 평온을 되찾지만 만약 침입자 수사자가 승리하게 되면 무리에겐 엄청난 회오리가 몰아치게 된다. 이전 대장은 쫓겨나거나 죽임을 당하게 되며 새로 대장이 된 수사자는 이전 대장의 자식인 새끼 사자들을 가차 없이 물어 죽이기 때문이다. 어미 사자는 이를 말려 보려 하지만 수사자와 암사자 간에는 체구 차이가 크므로 막을 수 없으며 결국 어린 사자 새끼들은 모두 살해 당하고 만다.

수사자가 이렇게 새끼 사자를 살해하는 것은 새끼가 어미의 젖을 빠는 한 암사자의 배란이 억제되어 짝짓기를 할 수 없게 되고 따라서 자신의 유전자를 퍼뜨리는 시간이 지체되기 때문이다. 언제 또 강력한 수사자의 도전을 받아 자신도 대장의 지위를 뺏길지 모르므로 한시라도 빨리 자신의 유전자를 가진 2세를 낳기를 바라는 것이다. 새끼를 죽이고 나면 어미 사자는 발정이 나게 되고 수사자는 자신의 2세를 잉태시킬 수 있게 된다. 무리에 침입하여 남편을 죽이거나 내쫓고 자식까지 죽인 원수인 대장 수사자와 짝짓기 하게 되는 암사자가 가엾긴 하지만 이게 자연에서 그리고 동물세계에서 일어나는 냉엄한 현상이요 법칙이다. 어찌 보면 암사자가 가엾지만 또 한편으로는 암사자는 언제나 최고로 강한 수사자의 새끼를 잉태하게 되는 이점도 가지게 된다고 볼 수 있다.

사자 세계에서 볼 수 있는 이러한 잔인한 새끼 학살은 동물세계에서만 일어나는 것일까? 일본에서 일어난 사건의 예를 보자.

> "아빠 엄마가 더 이상 말하지 않더라도 앞으로는 좀 더 잘 하겠어요."
> "제발 용서해 주세요."
> "지금까지 매일 해 온 것처럼 바보같이 놀기만 하지 않겠어요."

위의 글은 2018년 3월 부모의 학대로 숨진 채 발견된 5살 난 일본 여자 아이 후나토 유아 양이 생전에 쓴 노트의 안타까운 내용 중 일부이다. 경찰은 후나토 유아에 대한 상해죄로 기소됐던 아버지 후나토 유다이(33)와 어머니 유리(25)를 보호책임유기 혐의로 다시 체포한 후 이들의 집을 압수 수색해 숨진 후나토 유아가 매일 쓴 글이 담긴 노트를 찾아냈다. 경시청 발표에 따르면 숨진 유아는 매일 새벽 4시에 일어나 자신의 몸무게를 기록하고 히라가나 쓰기 연습을 했다. 유아가 이렇게 매일 자신의 체중을 적은 것은 아버지로부터 "너무 뚱뚱하다"고 야단맞으며 식사를 충분히 할 수 없었고 또 몸무게를 기록하도록 강요당했기 때문이었다. 심지어 집의 냉장고 앞에 책꽂이를 세워 두어 유아가 냉장고를 열고 마음대로 음식을 먹지 못하게 했다.

숨진 유아는 아버지 후나토 유다이의 친딸이 아니었고 어머니 유리가 전 남편과의 사이에서 낳은 의붓딸이었다. 경찰은 의붓아버지 후나토 유다이가 유아가 말을 듣지 않는다는 이유로 얼굴을 주먹으로 때리는 등 수시로 폭행했던 것으로 보고 있다. 유아의 체중은 숨졌을 당시 제대로 먹지 못해 12.2kg이었다. 이 정도 나이의 여자 아이의 평균 체중은 17kg 내외이니 정상 체중의 2/3 수준에 불과할 정도로 굶주렸다는 것이다. 너무 뚱뚱하다고 못 먹게 했던 아이의 실상은 영양실조가 심각할 정도로 굶고 학대당했던 것이다. 유아는 또 지난 1월 그 집으로 이사 온 후 숨질 때까지 단 한 번밖에 외출하지 못했던 것으로 드러났다. 아마도 유아의 부모는 굶주리고 학대당하는 어린이의 모습이 외부에 노출될까 두려워했을 것이다. 결국 경찰의 수사 결과 의붓아버지에 의한 아동 학대가 아동을 죽음에 이르게 한 안타까운 사건이었다.

우리나라에서도 의붓자식 학대에 대한 사례는 수없이 많이 일어난 바 있고 또 언론을 통해 보도되기도 했다. 어린이들이 즐겨 읽는 동화 속의 콩쥐팥쥐 이야기도 비슷한 맥락으로 연결된다. 우리나라에도 이런 예가 적지 않음에도 일본의 사례를 든 것은 우리나라 이야기를 직접 언급하는 것은 피해 가족이나 당사자 등에게 다시 상처를 입히게 될까 걱정되어 최근 일본에서 일어난 의붓자식 학대의 예를 들어 본 것이다.

어찌 보면 우리 인간에게 일어나는 의붓아버지나 의붓어머니에 의한 의붓자식 학대를 보면 자기 핏줄이 아닌 어린 새끼에게 행하는 동물의 본능적인 잔혹한 학살과 인간의 잔혹한 행동이 이렇게나 맞닿아 있는지 전율을 느끼지 않을 수 없고 또 인간 본성에 대한 회의감마저 들기도 한다. 사람도 동물로부터 진화해 오면서 자신의 유전자를 최대한 후세에 많이 남기고자 하며 또 자신의 후세를 기르는 데 방해되는 요소나 자원을 잠식하는 요인은 제거하려는 동물의 본능적인 유전자가 여전히 꿈틀거리고 있는 게 아닌가 하는 생각이 드는 것이다.

다행인 것은 사람은 법으로 그런 행동에 대해 단호하게 처벌하고 또 주위 사람들에 의한 감시가 살아 있어 그런 끔찍한 아동 학대가 일상적으로 일어난다고 볼 수는 없다. 꼭 법적인 제재나 이웃의 감시 때문만은 아니라 인간은 따뜻하고 이성적인 본성도 가지고 있어 의붓자식을 친자식 이상으로 잘 기르고 교육시키는 예는 그런 비뚤어진 사례보다는 몇 배나 더 많을 것이다.

인간은 자신의 유전자를 최대한 많이 남기려는 동물적 본능을 물려받았으면서도 이성과 따뜻한 감성을 함께 가진 고도의 지적 존재이기에 만물의 영장이요 지구의 지배자로 불릴 수 있을 것이다.

네안데르탈인과 교잡된 현생인류

• • 멸종된 네안데르탈인의 유전자가
현생인류 속에 살아있다는 놀라운 이야기

네안데르탈인(Neanderthal)은 인류의 진화 과정 중에 초기 현생인류인 크로마뇽인(Cro-Magnons)이 출현하기 직전에 생존했던 고인류(古人類)이다. 이들은 직립원인(Homo erectus)에서 진화했으며 약 43만 년 전부터 40,000년 전(신생대 홍적세 중기부터 후기에 해당하는 시기)까지 유럽과 아시아 일대를 터전으로 살았다. 1864년 킹(King, 1864)이 명명한 이래 *Homo neanderthalensis*란 학명을 사용했지만 1940년대부터 1970년대에 걸쳐 현생인류와 차이점보다는 유사점이 많다는 견해가 증가하기 시작하여 현생인류와 네안데르탈인을 각기 *Homo sapiens sapiens*와 *Homo sapiens neanderthalensis*란 학명으로 부르는 경우가 늘기 시작했다. 현생인류와 서로 다른 종으로 보다가 같은 종으로 보게 되었다는 뜻이다. 그렇다고 현생인류와 똑같아지는 것은 아니고 아종명이 다르니 현생인류와는 여전히 상당한 차이가 있는 것으로 간주하지만 이전보다는 더 가까운 사이로 보게 되었다고 생각하면 되겠다.

최근 연구에 의하면 유럽의 네안데르탈인 화석은 최고 45만 년 전의 것으로 확인되었으며 이후 유럽에서 서남아시아와 중앙아시아로 영역을 넓혔다. 이들은 현생인류보다 좀 더 땅땅하고 몸통이 크며 따라서 보다 추운 기후에 잘 적응된 체형을 가졌다. 머리털은 붉은 색 또는 금발이었으며 키는 남성이 164~168cm에 여성은 152~156cm로 현생인류와 비슷하거나 조금 더 작았으며 몸무게는 남성이 평균 77.6kg, 여성은 66.4kg으로 키에 비해 체중이 많이 나가는 편이었다(Helmuth, 1998). 이들은 돌로 된 도구와 불을 사용할 줄 알았으며 주로 사냥으로 먹을 것을 구했다.

오랫동안 네안데르탈인은 현생인류와의 경쟁에서 밀려나 완전히 멸종된 것으로 보아 왔다. 그런데 2010년 무렵부터 네안데르탈인과 현생인류가 교배되었다는 놀라운 증거가 나오기 시작했다. 고인류의 화석 유골로부터 DNA 분석이 가능해져 이를 현생인류 DNA와 비교한 결과 네안데르탈인의 DNA 일부가 현생인류에 남아 있다는 증거가 나오게 된 것이다. 현재의 유럽과 아시아인의 게놈엔 네안데르탈인의 유전자가 남아 있지만 사하라 사막 이남의 아프리카인 게놈엔 그 흔적이 없어 아마도 현생인류가 아프리카에서 이동하여 나온 후인 60,000년 전부터 40,000년 전 사이에 교배

시베리아 알타이 산맥의 동굴에서 발견된 네안데르탈인 여성의 유골 조각.

가 일어난 것으로 보고 있다.

현생인류와 네안데르탈인의 교배 증거는 네안데르탈인의 유전체 서열을 분석하려는 시도인 '네안데르탈인 게놈 프로젝트(Neanderthal genome project)'에 의해 밝혀진 성과 중의 하나였다. '네안데르탈인 게놈 프로젝트'는 미국 코네티컷 브랜포드에 있는 생명과학 회사인 '454 Life Sciences'사(社)가 독일의 맥스 플랑크 진화인류학 연구소와 손잡고 2006년 7월 출범시켰다. 이 연구로 2010년 5월

아프리카를 제외한 세계 여러 지역의 현생인류에 남아 있는 40억 염기를 분석한 네안데르탈인의 게놈 초벌 자료가 발표되었다(Green, et al., 2010). 이어 2013년엔 보다 많은 분량의 네안데르탈인의 게놈 분석 자료가 보고되었다. 그 자료는 시베리아 알타이 산맥의 동굴에서 발견된 50,000년 내지 100,000년 전의 네안데르탈인 여성의 유골 조각으로부터 기초한 것이었다(Prüfer, 2013).

네안데르탈인의 유전자 분석이 생각만큼 쉽게 이루어진 것은 아니었다. 맨 처음 사용된 네안데르탈인의 유골은 크로아티아의 빈디야 동굴에서 발견된 38,000년 전 여성의 대퇴골이었으며 그 외 스페인, 러시아, 독일 등에서 발견된 유골로부터 얻은 샘플에서 DNA를 추출했다. 유골로부터 약 0.5g 정도의 시료를 채취하여 염기분석에 사용했는데 이 과정에는 적지 않은 어려움이 따랐다. 가장 큰 난관은 유골이 세균에 심하게 오염되어 있는 것이었고 그 다음은 유골의 발굴 과정이나 실험실 환경에서 이를 취급하는 사람에 의한 DNA 오염 또한 큰 문제였다. 그러나 과학자들은 이러한 어려움을 극복하고 놀라운 성과를 이끌어 내었다.

이러한 연구 성과 중 특히 눈길을 끄는 것은 네안데르탈인의 화석 유골의 게놈 분석으로 아프리카인 외의 현생인류 DNA의 1~4%는 네안데르탈인으로부터 온 것이라는 충격적인 내용이었다. 과학자들은 유라시아 지역에 거주하는 현생인류의 DNA 시료를 분석하여 네안데르탈인의 게놈과 비교한 결과 현생인류가 유럽으로 이주하기 전에 레반(Levant, 지중해 동쪽의 시리아와 그 인근 지역)에서 현생인류와 네안데르탈인의 교배가 일어났을 것으로 추정했다(Green, et al., 2010). 이러한 결과는 적지 않은 논쟁을 불러일으켰는데 이를 입증할 인류고고학적 증거, 즉 네안데르탈인과 현생인류가 같은 시기에 같은 장소에서 살았다는 분명한 화석 증거가 나타난 적이 없었기 때문이었다. 이 자료에 의하면 현생인류와 네안데르탈인의 유전자 서열은 99.7%가 동일한 것으로 나타났는데 이는 인간과 침팬지의 유전 서열 동질성 98.8%보다 0.9% 높은 값이다. 또한 미토콘드리아 DNA(mtDNA)의 분석에 의한 고인류와 현생인류와의 비교도 이루어졌는데, 시베리아에서 발견된 데니소바인과 현생인류와는 16,500 염기쌍 중 385 염기쌍이 서로 다른 것으로 나타났고 현생인류와 네안데르탈인과의 mtDNA 염기 차이는 202쌍으로 나타나 데니소바인보다는 네안데르탈인이 현생인류와 더 가까운 것으로 나타났다. mtDNA 자료에 의하면 데니소바인과 현생인류의 분기는 네안데르탈인보다 앞서는 것으로 보이는 것이다. 현생인류와 침팬지와의 mtDNA 염기 차이는 1,462쌍으로 나타나므로 네안데르탈인 및 데니소바인의 현생인류와의 근연성은 침팬지와는 비교할 수 없을 정도로 가까움을 알 수 있다.

지금까지 발굴된 네안데르탈인 화석 유골 중 가장 늦은 연대의 것은 코카서스 산맥의 메즈메스카야(Mezmaiskaya) 동굴에서 발견된 네안데르탈인 화석이었다. 이 화석은 네안데르탈인 어린이의 늑골 조각으로, 방사성탄소 연대 측정 결과 지금부터 29,195±965년 전의 것으로 나타났다. 이 화석에 근거하면 네안데르탈인이 지구에서 사라진 시기가 약 30,000년 전까지 확장되어 지금까지 알려진 40,000년 전에서 1만 년 더 연장되게 된 것이다. 이 네안데르탈 어린이의 mtDNA는 발견지에서 서쪽으로 2,500km 떨어진 펠드호퍼(Feldhofer)에서 발견된 네안데르탈인의 것과는 3.48%가 서로 다른 것으로 나타났으며 계통유전학적 분석 결과 이들은 현생인류의 mtDNA 유전자 풀에 전혀 기여하지 않은 것으로 나타났다(Ovchinnikov, 2000).

한편, 2015년 이스라엘 텔아비브 대학의 헤르시코비츠(Hershkovitz)는 이스라엘 북부의 한 동굴에서 발견된 고인류의 두개골에 관해 보고했다. 여성으로 보이는 이 인골은 약 55,000년 전의 시대에 살았던 것으로 추정되어 지금껏 발견된 현생인류 유골 중 최초의 것으로 기록되었다. 따라서 현생인류와 네안데르탈인은 상당히 오랜 기간 유럽과 중동 지역에서 함께 생존하여 교배가 일어날 수 있는 충분한 시간이 있었음이 확인되었다.

베르노 등(Vernot et al., 2016)은 현생 멜라네시아인의 게놈 분석으로 네안데르탈인이 현생인류와 여러 차례 교배되었으며 또한 네안데르탈인과 데니소바인 사이에서는 단 한차례 교배되었다고 보고했다. 1997년에 발표된 파보(Svante Pääbo)의 초기 미토콘드리아DNA 연구에 의하면 현대인과 네안데르탈인의 분기는 대략 50만 년 전으로 나타났다.

그린(Green) 등의 보다 구체적인 계산에 의하면 달라진 시점은 516,000년 전이었고 이들은 분기한 것이 아니라 분화된 것으로 사람의 대립유전자의 평균 분화 시점이 459,000년 전으로 나타났다고 주장했다. 여기서 분기와 분화란 개념에 대해 설명해야겠다. 분기란 한 종에서 서로 다른 종으로 갈라지는 것이고 분화란 종 내에서 새로운 형질을 가지는 집단으로 갈라지는 것을 의미한다. 다시 말해 현생인류와 네안데르탈인이 분기된 것이 아니고 분화되었다는 말은 여전히 같은 종이며 형질이 상당히 다르게 변했다는 의미가 된다. 다시 말하면 네안데르탈인과 현생인류와의 차이는 서로 다른 종이 아니고 인류의 다양성 차원에서 설명되어야 한다는 것이다.

그렇다면 현생인류와 네안데르탈인과의 사이에 의사소통은 가능했을까? 현재 우리 인류는 인종과 지역에 따라 수많은 서로 다른 언어를 사용하므로 같은 언어로 서로 소통하는 데는 문제가 있다. 다만 말이 통하지 않더라도 손짓, 발짓 등으로 어느 정도 의사소통은 가능하다.

2007년에 네안데르탈인 유골화석인 엘시드론 1253과 1351c 표본의 유전자를 분석한 결과 현생인류와 동일한 담화 관련 유전자 FOXP2 돌연변이가 발견되었다. 이로써 네안데르탈인도 언어를 사용하여 서로 소통했다고 보며 또 현생인류와 조우했을 때 어느 정도 기본적인 언어적 소통이 가능했을 것으로 보고 있다(Krause et al., 2007).

다음에는 최근 발표되어 크게 주목받았던 데니소바인 여성의 유골 분석 결과에 대해 알아보자. 2012년 러시아 시베리아의 알타이산맥에 위치한 데니소바 동굴에서 고인류 여성의 손가락 뼈 화석이 발견되었다. '데니소바11'로 불리는 이 화석은 뼈에서 나온 콜라겐 단백질의 질량분석 결과, 약 5만 년 전에 생존했던 13살 이상의 여성으로 확인된 바 있다. 이 여성이 생존했던 당시는 빙하기로 인류에게는 살아가기가 무척 힘든 시기였다.

이 유골 화석 DNA를 분석한 독일 막스플랑크진화인류연구소 연구진은 지금껏 발견된 적 없는 놀라운 사실을 발견하고는 흥분을 감출 수 없었다. 연구진이 DNA를 추출해 분석한 결과, 놀랍게도 부모가 서로 다른 종의 인류로 밝혀진 것이다. 어머니는 약 4만 년 전까지 유럽을 중심으로 시베리아 인근까지 살았던 네안데르탈인이었지만, 아버지는 비슷한 시기에 아시아 대륙 일부에 살았던 또 다른 인류 '데니소바인'이었던 것이다.

네안데르탈인과 데니소바인은 약 39만 년 전 공통 조상에서 서로 다른 종으로 완전히 분리되었다고 알려져 왔다. 대체로 네안데르탈인과 데니소바인은 각각의 지역을 중심으로 생활했고 모두 약 4~5만 년 전 멸종한 것으로 보고 있었다. 이 두 종이 완전히 분리돼 생활하다 멸종한 것이 아니며, 두 종 사이의 교배가 이뤄졌다는 가설도 일부 존재하는 상황이었지만 소수 의견이었다.

'데니소바11' 유전자를 정밀 분석한 연구 결과는 2018년 8월에 유명한 과학 잡지 〈네이처〉에 표지논문으로 발표되었다(Viviane Slon et al., 2018). 연구진은 이 여성의 유전자를 분석한 결과 약 38.6%의 유전자는 네안데르탈인과, 42.3%의 유전자는 데니소바인과 거의 유사한 것을 확인했다. 네안데르탈인과 데니소바인의 유전자 비율이 거의 같다는 사실은 이 여성이 이종교배 1세대라는 것을 의미하는 것이다. 고대 인류화석 중에서 이처럼 두 종의 교배에 의한 1세대 자손의 화석이 발견된 것은 처음이자 유일한 경우였다. 네안데르탈인의 유전자가 현생인류에 남아 있다는 결과도 놀랍지만 이처럼 교배 1세대 자손의 유골이 발견된 것은 너무나 놀라운 일이 아닐 수 없다.

연구진은 또 이 여성의 어머니는 약 12만 년 전 먼 서유럽에서 온 네안데르탈인의 후손이며, 아버지는 데니소바인이지만 아버지의 DNA에 네안데르탈인의 DNA 흔적이 남아 있는 것에서 아버지의 먼 조상 중에 네안데르탈인이 있었던 '혼혈' 데니소바인이라는 사실도 확인했다.

결국 이 여성의 가계에는 '종을 초월한 이종 간의 사랑'이 최소 두 번 있었던 것이다. 교배 1세대 후손의 유골이 발견된 것과 그 부모의 유전자에 다시 교배의 흔적이 있었던 것은 인류가 진화해 오면서 우리가 생각했던 것보다 더 빈번하게 이종 간 교배가 있었던 것이 아닌가 하는 생각을 하게 된 발견이었다. 이들 연구팀은 40만 년 전 두 종이 분리된 뒤, 최소 약 30만 년이 지났을 때부터 두 종 간에 유전적 교류가 있었던 것으로 추정했다(Viviane Slon et al., 2018).

결국 이처럼 교배가 있었다는 사실에서 현생인류와 네안데르탈인 및 데니소바인은 모두 완전히 다른 종이 아니라 아종 내지는 인종 사이가 아닌가 하는 주장이 보다 설득력을 갖게 되었다. 이전엔 *Homo sapiens sapiens*인 현생인류의 학명에 대해 네안데르탈인의 학명을 *Homo neanderthalensis*로 서로 다른 종으로 표기했으나 지금은 대다수 학자들이 *Homo sapiens neanderthalensis*로 표기하는 것은 이 둘이 보다 가까운 사이라는 것을 인정하게 되었다는 의미이기도 하다. 데니소바인의 경우 아직 잠정적이긴 하지만 역시 현생인류의 한 아종으로 보는 견해가 많아지고 있어 학명을 *Homo sapiens denisova*로 표기하는 추세를 보이고 있다(Gunbin et al., 2015).

수렴진화의 결과-베이츠의태와 뮐러의태

••강한 자를 흉내 내고 끼리끼리 노는 생물의 적응 전략

우리는 진화한다고 하면 서로 다른 환경에 적응하여 생물들이 끝없이 서로 다른 방향으로 나아가기만 하는 것으로 생각하기 쉽다. 그런데 사실 서로 다른 생물들이 같은 환경에 놓이면 어떻게 될지 생각해 보면 반드시 그렇게 다른 방향으로 나아가는 것이 유리하지만은 않다는 것을 깨닫게 될 것이다.

대부분의 포유류와 어류 및 양서류 등은 땅이나 물속에서 생활하기 좋도록 진화해 왔다. 그러나 일부 생물은 하늘을 날 수 있도록 진화했는데 새와 곤충 및 박쥐가 이런 부류에 속한다. 새와 박쥐의 날개와 나비나 벌과 같은 곤충의 날개는 모두 하늘을 날 수 있도록 진화한 결과의 구조물이다. 이들은 날개를 가짐으로써 창공을 마음껏 날 수 있게 된 것이다.

사람들은 날개라고 하면 모두 같은 기원을 가졌을 것으로 생각하기 쉽지만 이들의 기능은 같지만 기원은 전혀 다르다. 새와 박쥐의 날개는 앞다리가 날기 좋도록 진화된 것이니 기원이 같다고 할 수 있다. 반면에 곤충의 날개는 다리가 변형된 것이 아니고 피부가 변형된 것으로 새의 날개와는 해부학적 및 구조적으로 전혀 다른 것이다.

이렇게 서로 기원이 다른 기관이 같은 기능을 수행하도록 비슷한 구조로 발달한 것을 상사기관이라고 한다. 실제로는 서로 다른 기관이지만 기능과 구조가 비슷한 기관이 되었다는 뜻이다. 이런 상사기관이 존재한다는 것은 서로 다른 생물이 동일한 환경에 적응하여 어느 한 방향으로 변한다는 것을 보여 주므로 생물이 진화한다는 중요한 증거가 된다. 이렇게 한 방향으로 진화하는 것을 수렴진화라고 한다.

반면에 같은 기원의 구조물이 서로 다른 환경에 적응 진화하여 전혀 다른 구조물처럼 변하는 현상도 일어날 수 있다. 예를 들어 새의 날개와 박쥐의 날개 및 돌고래의 지느러미 및 사람의 팔과 고양이의 앞다리를 비교해 보자. 이들은 모두 애초엔 동물의 앞다리로, 각기 서로 다른 환경에 적응한 결과 전혀 다른 일을 하는 기관으로 발달하게 되었다. 이렇게 기원이 동일하지만 서로 다른 기관으로 진화된 것들을 상동기관이라 부른다. 얼핏 다른 기관으로 보이지만 근본은 같은 기관이란 뜻에서 상동기관으로 부르게 된 것이다. 상동기관은 원래 같은 해부학적 구조물이 서로 다른 환경에 적응하여 다른 구조와 기능을 가지게 될 때 일컫는 용어이다.

이렇게 서로 다른 기관이 비슷한 기능을 수행하는 상사기관이나 기본적으로 같은 기원의 구조물이 서로 다른 환경에 적응하여 전혀 다른 기능을 수행하는 상동기관으로 되는 것은 모두 진화의 결과이며 진화의 증거가 되기도 한다. 생물이 서로 흡사하게 닮게 되는 현상은 이와 같은 상사기관과 상동기관에서만 볼 수 있는 것은 아니다.

수년 전 어떤 여성잡지에서 봄이 왔다는 커다란 제목과 함께 벚나무에서 꿀을 빠는 꿀벌 사진을 크게 게재한 것을 본 적이 있다. 부지런한 꿀벌은 꽃에서 꿀을 빠느라 정신이 없다는 설명과 함께. 그런데 사진을 자세히 보니 꿀벌이 아니고 꽃등에였다. 꽃등에는 파리목의 한 종류로 얼핏 벌을 닮았지만 벌이 아니고 넓은 범주에서 파리의 한 종류이다. 파리의 한 종류인 꽃등에를 촬영하여 꿀벌이란 설명을 붙여 잡지에 실은 것이다. 사진 기자는 이 녀석이 꿀벌인 줄 감쪽같이 속았고 글을 쓴 사람 역시 속을 정도로 그 꽃등에는 꿀벌과 비슷한 외모를 가졌다. 사실 꽃등에 종류 중에 벌과 비슷한 종류는 한둘이 아니다. 많은 종류의 꽃등에가 여러 종류의 벌과 비슷하여 곤충 전문가가 아니면 잘 구별하기 어렵다. 독자 중에는 아무리 그래도 벌과 파리 종류를 서로 구별하지 못하다니 말이 안 된다고 생각할 분도 계실지 모르지만 대학 생물과 학생들도 잘 구별 못하곤 하는 게 일부 벌과 파리 사이이기도 하다. 물론 가정에서 쉽게 발견되는 집파리와 꿀벌 또는 말벌을 서로 구별하지 못하고 혼동하는 사람은 없다. 벌과 뚜렷이 구별되는 집파리와는 달리 꽃등에는 벌과 흡사하게 닮아 구별이 어려울 정도인 것이다.

그렇다면 꽃등에는 왜 가까운 사이인 집파리보다 친척이 아닌 꿀벌과 오히려 더 비슷해져 구별하기 어렵게 되었을까? 꽃등에는 많은 파리 종류가 고기나 썩은 유기물 등에 꼬이는 것과 달리 꽃에 모여 꿀을 빨아 먹고 산다. 따라서 서식 장소가 꿀벌과 겹치게 되는데 꿀벌의 흉내를 내어 이득을 보고 있는 것이다.

벌은 독침이라는 강력한 무기를 가지고 있어 포식자가 함부로 잡아먹을 수 없는데 반해 파리는 그와 같은 무기가 없어 다른 포식자가 잡아먹기 쉬운 만만한 먹잇감이 된다. 만약 파리가 벌을 닮아 포식자가 쉽사리 구별하지 못한다면 어떻겠는가? 벌을 잡아먹으려다 벌에 쏘여 본적이 있는 포식자는 벌과 흡사하게 닮은 파리를 보면 두려워 함부로 잡아먹지 못하게 될 것이다. 우리 인간 세상의 속담에 "자라 보고 놀란 가슴 솥뚜껑 보고 놀란다"라든지 "구렁이한테 놀란 놈 새끼줄 보고 나자빠진다"와 같은 말은 이런 경우를 아주 잘 표현하고 있다고 하겠다. 동물세계에서도 강한 무기나 독성이 강한 생물을 잡아먹으려다 이들에게 위험을 겪은 적이 있는 생물은 그와 비슷하게 생긴 다른 생물을 보면 두려워 회피하게 될 수 있는 것이다. 이런 이치로 일부 파리가 벌과 비슷한 무늬와 형상을 가져 포식자를 현혹하도록 진화하게 된 것이다. 무늬뿐 아니라 종에 따라서는 날갯짓 소리도 벌을 흉내 내니 포식자들은 헷갈릴 수밖에 없을 것이다. 이렇게 독이 없는 녀석이 독이 있어 위험한 동물인 것처럼 위장하는 것을 베이츠의태(Batesian mimicry)라고 한다. 베이츠의태라 부르게 된 것은 이런 의태에 주목하여 연구한 사람의 이름을 딴 것이다.

베이츠(Henry Walter Bates, 1825~1892)는 영국의 생물학자로 다윈과 함께 자연 선택에 의한 진화론의 창시자로 유명한 월리스와 함께 아마존 밀림을 11년간 탐험하여 수많은 생물을 조사했는데 그 과정에서 독이 없고 맛이 있는 나비가 맛이 없고 독이 있는 나비를 닮아 포식자를 회피하는 현상을 관찰하고 의태란 말을 처음 사용했던 것이다. 이 때 원래의 독이 있는 동물을 모델이라 하고 그 모델을 흉내 내는 동물을 의태동물 또는 의태자라 한다. 꿀벌과 꽃등에에서는 꿀벌이 모델이 되고 꽃등에는 의태동물이 되는 것이다.

또 다른 방식의 의태도 있다. 이 의태는 강한 무기나 독성을 가진 것들끼리 서로 비슷한 무늬나 형태를 가져 자기들이 무서운 상대라는 것을 널리 알리는 방식의 의태이다. 이처럼 독을 가진 동물들이 비슷한 형태나 무늬를 가지는 것을 뮐러의태(Müllerian mimicry)라 한다. 뮐러의태란 이름은 이를 처음 발견하여 이론을 정립한 연구자인 브리츠 뮐러(Fritz Müller, 1821~1897)의 이름을 딴 것이다. 뮐러는 독일에서 태어나 브라질로 이주하여 브라질 상파울로 인근 대서양 연안의 생물상을 연구했는데 유연관계가 없는, 맛이 없거나 독이 있는 나비들이 서로 닮고 또 선명한 색을 가짐으로써 포식자에게 맛이 없다는 것을 널리 알려 잡아먹히는 것을 회피하는 의태 현상을 발견하고 이를 '빈도 의존적 선택'이란 이론으로 설명했다(Müller, 1878; 1879). 빈도 의존적 선택이란 같은 종 내에서 환경에 대한 적합도가 높은 표현형을 가진 개체는 보다 높은 빈도로 살아남고 그렇지 않고 적합도가 낮은 개체는 평균보다 낮은 빈도로 살아남게 되어 점차 어떤 특정 표현형을 가진 개체의 빈도가 높아지는 현상을 말한다. 예컨대 같은 종에서 모두 맛이 없고 독이 있는 나비지만 선명한 색과 무늬를 가진 나비는 포식자가 쉽게 알 수 있어 잘 잡아먹히지 않는 데 반해 평범한 무늬를 가진 나비는 잡아먹히게 된다면 세월이 지나면 선명한 색과 무늬를 가진 표현형의 개체 수가 증가하여 빈도가 높아지게 되는 것이다.

독 있는 개구리끼리 선명한 무늬를 가지거나 우둘투둘한 돌기를 가지는 현상은 전형적인 뮐러의태이다. 또 독침을 가진 말벌 종류나 꿀벌 종류 등이 검정색과 노란색의 선명한 줄무늬를 가져 우리는 독침으로 무장하고 있으니 함부로 덤비지 말라고 경고하는 것도 이런 뮐러의태에 해당된다.

진화 측면에서 환경에 적응하여 이렇게 한 방향으로 진화하는 것을 수렴진화라고 하는데 꿀벌과 말벌은 서로 다른 과에 속하는 종류지만 모두 독침을 가졌다는 공통점이 있으며 이들은 모두 배에 황색의 선명한 띠를 가져 자기들이 독침을 가졌음을 과시한다. 만약 말벌은 노란 띠를 가지지만 꿀벌은 녹색 띠를 가지거나 또는 띠 대신 둥근 무늬를 가진다면 노란 띠는 독침을 가진 벌이라는 인식을 심어 주지 못하게 될 것이다. 독침을 가진 대부분의 야생벌이 노란 띠를 가짐으로써 노란 띠는 독침이라는 효과적인 홍보수단이 되는 것이다.

동물의 의태는 반드시 무늬나 색만 닮게 되는 것은 아니다. 많은 동물에서 음파에 의한 의태를 볼 수 있는데 이런 소리 의태 역시 베이츠의태와 뮐러의태 두 양식을 모두 확인할 수 있다(Barber and Conner, 2007). 북미에 사는 밤나방과의 호랑나방은 맛이 없어 포식자인 붉은박쥐와 큰갈색박쥐가 잡더라도 먹지 않고 뱉어 버린다. 그런데 이 호랑나방은 박쥐의 음파 탐지에 대해 경계음을 발산하여 자신이 맛없는 호랑나방임을 적극적으로 알려 자신을 보호하게 된다. 붉은박쥐와 큰갈색박쥐는 이 나방이 내는 경계음으로 이 종류의 나방이 맛이 없고 독이 있다는 것을 알고 잡아먹지 않게 되는 것이다. 그런데 독이 없고 맛이 좋은 명나방과의 일부 나방 종류는 놀랍게도 호랑나방과 유사한 경계음을 발산할 수 있도록 진화했다. 이들은 호랑나방의 음파를 흉내 냄으로써 박쥐의 포식으로부터 벗어나는, 음파에 의한 베이츠의태를 하고 있는 셈이다.

반면 여러 종류의 방울뱀이 공통적으로 꼬리를 흔들어 요란한 소리를 내는 것은 독이 있는 위험한 동물이라는 신호를 소리로 내는 것이므로 소리에 의한 뮐러의태의 한 종류가 된다고 하겠다.

이런 의태는 동물세계에서만 볼 수 있을까? 인간 세상에서도 이런 뮐러의태 현상을 관찰할 수 있으니 흥미롭다. 조직폭력배들의 외관상 가장 큰 특징은 대체로 체구가 큰 데다 흔히 몸에 문신을 하고 검정색 정장을 즐겨 입는다는 점이다. 폭력배들은 몸에 문신을 새기거나 검정색 정장을 차려 입어 남의 눈에 확 띄게 되며 자기들이 조폭이라는 것을 은연중 과시한다. 이들은 '나 주먹 좀 쓰는 사람이야!', '주먹은 가깝고 법은 멀어!' 하고 시위를 함으로써 상대방의 기를 죽이고 두려워하게 만드는 효과를 보게 된다. 대중목욕탕에서 온몸에 문신을 한 사람을 보면 그 사람의 정체를 모르지만 은근히 두려워 옆에 있다가 무슨 시비나 봉변을 당할까 하여 슬슬 눈치를 보고 자리를 피해 본 경험 정도는 있을 것이다. 이들은 주먹을 쓰지 않고도 심리적으로 상대방을 제압하는 효과를 거두고 있으니 결국 이들의 뮐러의태가 소기의 성과를 내고 있다는 이야기가 되겠다.

인간 세상에 뮐러의태만 있는 게 아니다. 폭력배가 아니면서 별로 힘도 없고 주먹도 약한 사람이 온몸에 문신을 하고 다니면서 은연중 조폭 행세를 한다면 이는 베이츠의태의 예가 된다.

2018년 11월에 신문 지상에 기가 막힌 뉴스가 보도되었다. 전직 모 광역시장이 지방 선거 직전에 전 대통령 부인을 사칭한 여인에게 수억 원의 돈을 사기 당했다는 기사였다. 강한 권력을 가진 사람에게 빌붙어 뭔가를 얻으려다 돈도 잃고 망신당한 사건인데 이도 힘도 없는 여인이 목소리만으로 막강한 힘을 가진 여인으로 행세한 경우니 이 역시 베이츠의태의 한 예라 할 수 있겠다.

자기희생으로 포장된 일벌의 유전자 증식전략

••일벌은 알고 보면 매우 이기적인 존재?

꿀벌이나 말벌 및 바다리 등과 같이 사회생활을 하는 벌의 일벌이나 역시 사회생활을 하는 개미 종류의 일개미는 평생 알을 낳지 않고 목숨이 다할 때까지 집단을 위해 자기 자신을 희생한다. 일벌은 여왕벌을 뒷바라지하고 먹이를 구하는 일에서부터 집짓기며 집안 청소며 동생이 되는 새끼를 기르는 일 등 둥지의 모든 일을 도맡아 하며 여왕벌이 최대한 많은 2세를 생산할 수 있도록 군집을 위해 봉사한다. 또 둥지가 외적의 공격을 받으면 둥지 속에 자신의 새끼는 한 마리도 없지만 둥지를 지키기 위해 주저 없이 목숨을 내던져 싸운다. 가족을 위해 기꺼이 자기 자신을 희생하는 것이다.

우리는 이런 꿀벌 집단의 일벌이 정말 헌신적으로 가족이자 집단을 위해 자기를 희생한다고 칭찬하고 감탄해 왔다. 그런데 이런 일벌의 자기희생을 유전적으로 분석해 보면 결코 자기희생이 아니며 자신의 유전자를 후대에 더 많이 남기기 위한 고도의 전략이라는 것을 알게 되어 유전자의 놀라운 힘을 다시 한 번 느끼게 된다.

20세기 가장 위대한 진화학자 중의 한 사람으로 꼽히는 해밀턴(William D. Hamilton, 1936-2000)은 일벌이 번식 활동을 하지 않고 어미인 여왕벌의 번식을 기꺼이 돕는 것은 그렇게 함으로써 오히려 자신의 유전자를 후대에 더 많이 남길 수 있기 때문이라고 설명했다. 얼핏 상식 밖의 이야기처럼 들리지만 벌에서만 볼 수 있는 특수한 염색체 조합과 자손에게 전달되는 유전자의 비율을 알고 보면 '정말!' 하고 무릎을 치지 않을 수 없게 된다.

벌의 유전자 전달에 대한 비밀을 이해하려면 먼저 벌의 성 결정 방식부터 알아야 된다. 벌의 세계에서는 [개미도 벌목 곤충이므로 여기에 포함된다] 여왕벌과 일벌은 아비와 어미로부터 각기 한 조씩의 염색체를 물려받으므로 2배체이다. 반면 수벌은 아비가 없이 어미로부터만 한 조의 염색체를 물려받게 된다. 더 쉽게 이야기하면 수벌은 미수정란으로부터 발생하게 되는 것이다. 대부분의 다른 생물에서 미수정란은 발생이 불가능하지만 신기하게도 벌은 미수정란도 발생 가능하며 수벌로 자라게 되는 것이다. 이런 방식으로 성이 결정되므로 수벌과 암벌의 염색체 세트 수가 다르고 암벌은 수벌에 비해 2배의 염색체를 가지게 되는 것이다. 꿀벌이나 말벌 여왕벌은 우화 직후 며칠 이내에 수벌과 짝짓기를 하며 이때 얻은 정자를 몸 안에 저장해 두고 평생 동안 산란할 때마다 수정해 산란할 수 있게 된다. 만약 수벌을 생산할 필요가 있을 때는 수정하지 않은 미수정란을 낳는 것이다.

자 이제 일벌이 산란하여 후세를 생산할 때와 여왕벌을 도와 동생을 생산할 때의 유전자 전달 비율을 따져 보자. 만약 일벌이 짝짓기 하여 알을 낳고 후손을 생산한다면 그 후손은 자신의 유전자 절반(50%)을 전달받게 된다. 후손은 언제나 어미의 유전자 절반과 아비의 유전자 절반을 물려받기 때문이다. 반면에 어미인 여왕벌이 낳는 일벌 동생은 아비의 유전자는 일벌과 똑같이 가지고 어미의 유전자는 평균적으로 일벌과 절반만 같게 된다. 그 이유는 어미의 염색체 세트 둘 중 하나를 가지는 난자와 반수체인 아비 수벌의 정자가 수정되기 때문에 일벌과 동일한 어미의 유전자 세트를 가질 확률이 50%이고 전혀 다를 확률 또한 50%이므로 평균적으로 어미의 유전자는 25%가 동일하게 되는 것이다. 결국 동일한 아비의 50%를 더하면 여왕벌이 낳는 일벌 동생과의 유전자 동일 정도는 75%가 되며 이는 다음 세대를 이을 여왕벌에서도 마찬가지가 된다. 놀랍게도 일벌 자신이 직접 알을 낳아 일벌을 생산할 때의 유전자 동질성은 50%이지만 여왕벌이 낳은 동생 일벌과의 유전적 동질성은 75%로 동생과의 유전적 동질성이 25%나 더 높아지는 것이다.

만약 여왕벌이 서로 다른 수벌과 2회 이상 짝짓기 하여 애비가 다를 경우에는 자매간의 유전자 공유 정도는 평균 50%이므로 이 경우에도 자신이 직접 알을 낳아 생산한 자손과 유전자 공유 정도가 같게 되므로 전체적으로는 일벌 자신이 직접 생산하는 것보다는 어미의 자손이 더 많이 생산되도록 기여하는 것이 유리한 것이다. 이처럼 자매간에 자식보다 더 높은 비율의 유전자를 공유하는 것은 다른 생물에서는 볼 수 없고 벌이나 개미 같은 벌목(Hymenoptera) 곤충에서만 독특하게 볼 수 있는 것으로 이는 수컷이 반수체라는 독특한 유전적 조성을 가지기 때문에 나타나는 현상이다.

결국 유전자라는 관점에서 보면 일벌은 자신을 희생하는 것이 아니라 자신의 유전자를 남기기 위해 오히려 여왕벌을 이용하는 셈이 되는 것이다. 물론 그런다고 일벌에게 이용당하는 여왕벌이 손해 볼 것은 없다. 만약 일벌들이 여왕에게 충성하지 않고 스스로 산란하는 경우를 생각해 보자. 여왕벌의 딸인 일벌이 다른 수벌과 짝짓기 하여 일벌을 생산한다면, 여왕벌 입장에서 손녀가 되는 일벌과 평균 25%의 유전자 공유를 하게 된다. 만약 일벌이 수벌과 짝짓기 하지 않고 수벌을 생산할 경우도 여왕벌과 손자 수벌과의 유전자 공유율은 평균 25%가 된다. 결국 어느 경우에도 여왕벌 자신이 일벌을 생산할 때의 유전자 공유율 50%와 수벌을 생산할 때의 유전자 공유율 50%의 절반에 불과하게 된다. 따라서 여왕벌의 입장에서는 일벌이 후대를 생산하는 경우보다 자신이 직접 후

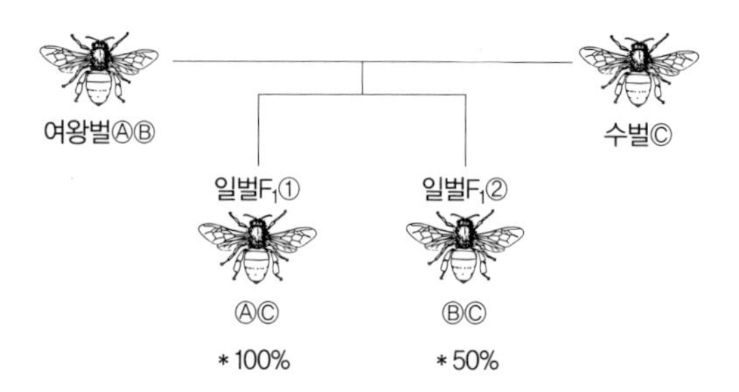

일벌$F_1$① 입장에서 여왕벌이 낳은 자매 일벌과의 게놈 공유율은 (100+50)/2=75가 된다. 이런 결과는 일벌$F_1$②를 기준으로 계산해도 마찬가지다(알파벳으로 표시한 것은 각 벌의 게놈이다).

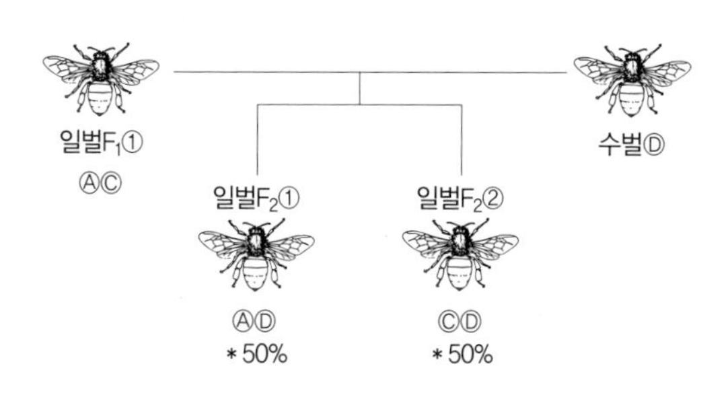

일벌$F_1$① 입장에서 수벌과 짝짓기 후 낳은 딸 일벌과의 게놈 공유율은 언제나 50%가 된다.

대를 생산하는 게 절대적으로 유리하다. 결국 여왕벌이 알을 낳고 일벌은 알을 낳지 않고 일만 하여 여왕벌을 돕는 것은 자신의 유전자를 후대에 남기는 데 있어서 여왕벌과 일벌에게 모두 유리한 결과를 가져오는, 소위 말해서 윈윈 전략이 되는 셈이다.

장수말벌의 생태를 깊이 연구한 일본인 학자들은 더욱 놀라운 사실을 발견했다(松浦誠. 山根正氣, 1984). 여왕벌에게 절대 복종하고 집단을 위해 봉사하는 일벌이 때로는 반역을 일으켜 여왕벌을 죽이는 경우가 목격된 것이다. 늦여름에서 초가을 무렵이 되면 장수말벌 일벌들은 때로 집단으로 반역을 일으켜 어미인 여왕벌을 죽여 없애고 일벌 중 일부가 산란을 하는 일이 발생하기도 한다. 일벌은 여왕벌에게 절대적으로 희생하고 봉사하는 줄만 알았던 과학자들에게 일벌이 어미인 여왕벌을 죽이는 이런 사실은 충격 그 자체였다.

왜 이런 이해할 수 없는 반역이 일어날까? 어미를 죽여 없애는 이런 충격적인 일도 유전적 측면에서 분석해 보면 수긍이 되는 면이 있다. 왜냐하면 이 시기는 새 여왕벌과 수벌로 발생할 알을 낳는 시기인데 여왕벌이 낳는 수벌은 일벌들과 25%의 게놈 공유를 하지만 일벌이 낳은 수벌의 게놈 공유율은 37.5%가 되어 여왕벌이 생산한 동생을 기르는 것보다 다른 일벌이 생산한 조카를 기르는 것이 자기 자신의 유전자를 후세에 더 많이 남길 수 있기 때문이다. 물론 이때 일벌 자신이 알을 낳아 수벌을 기르게 된다면 유전자 동질성은 50%가 되므로 더욱 높아지지만 조카라고 해도 여왕벌이

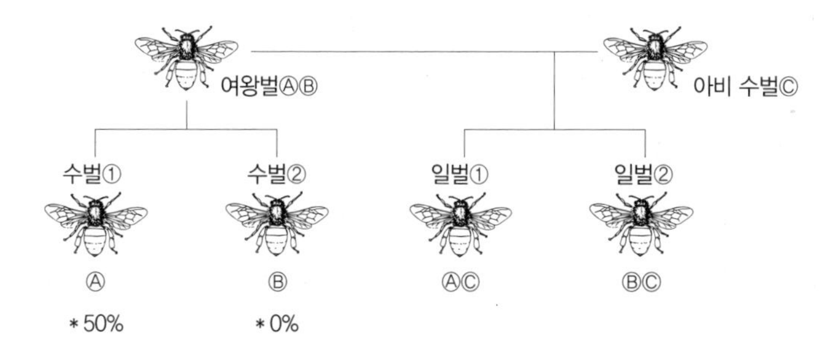

여왕벌이 낳은 남동생 수벌과 일벌과의 게놈 공유율: 일벌①과 남동생 수벌과의 게놈 공유율은 (50+0)/2=25%가 된다. 일벌②를 기준으로 계산해도 마찬가지로 25%가 된다.

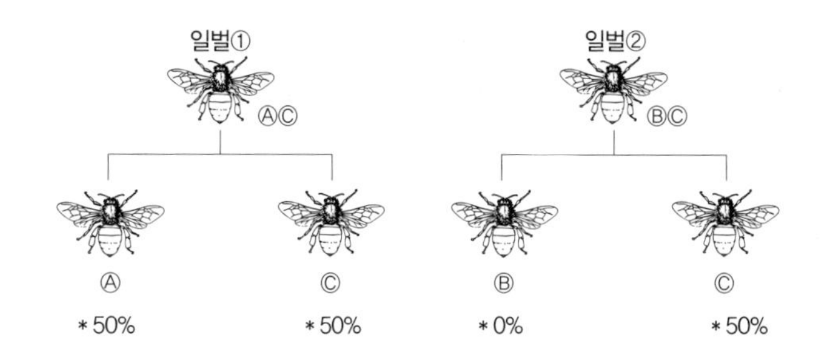

다른 일벌이 낳은 조카 수벌과 일벌과의 게놈 공유율: 일벌① 입장에서 본 조카 수벌과의 게놈 공유율은 (50+50+0+50)/4=37.5%가 된다. 일벌②를 기준으로 계산해도 마찬가지로 37.5%가 된다.

낳는 경우보다는 높아지는 것이다. 남동생과의 게놈 공유율은 다른 생물에서는 50%지만 벌 세계에서는 이렇게 25%로 떨어지고 되레 조카와의 게놈 공유율이 37.5%로 높아지는 것이다. 벌을 제외한 다른 생물에서는 조카와의 게놈 공유율은 25%에 불과한데 이처럼 조카와의 게놈 공유율이 남동생보다 더 높아지게 되는 기이한 역전 역시 벌의 수컷이 반수체이기 때문에 일어나는 독특한 현상이다. 따라서 어미를 죽이는 반역이자 불효가 사실 알고 보면 자신의 유전자를 후대에 더 많이 남기려는 유전자의 명령에 따른 현상이라고 풀이할 수 있다.

벌의 경우와 사람의 경우를 비교해 보자. 사람의 경우도 형제자매 간의 유전자 동질성(게놈 공유율)은 50%가 된다. 형제자매 간에 유전자 동질성이 50%가 되는 것은 유성생식을 하는 모든 생물에서 마찬가지인 것이다. 그러면 사람에서 부모와 자식 간의 유전적 동질성은 얼마가 될까? 대부분의 다른 생물과 마찬가지로 자식은 부모의 유전자를 각기 절반씩 전달받아 태어나므로 부모 자식 간의 유전적 동질성은 형제와 마찬가지인 50%가 된다. 벌의 75%와는 전혀 다른 것이다. 유전자 동질성만 놓고 보면 형제와 자식에 대한 애정과 희생이 비슷하게 나올 것 같지만 사람은 형제를 위해 희생하기보다는 자식을 위해 희생하려는 경향이 훨씬 강하다. 그 이유는 자식을 낳는 부부의 입장에서 보면 자식은 부부 모두의 유전자를 절반씩 물려받지만 형제끼리는 유전자의 절반을 공유해 그 배우자의 입장에서 보면 유전자 공유율은 0이 되므로 부부 합산으로 보면 25%에 불과하게 되기 때문이다. 즉, 배우자가 형제에 대한 헌신과 투자를 할 이유가 없어지는 것이다. 결혼하기 전까지는 형제의 유대가 끈끈하다가도 형제가 모두 결혼하여 자식을 낳고 나면 형제간의 우애도 이전 같지 않게 되는 경우가 많은 것은 이런 유전자 동질성의 관점에서 보면 어느 정도 이해되기도 한다.

자 가족 관계를 조금 더 따져 보자. 우리는 흔히 자기 자식을 위해서는 온갖 희생을 다하고 뒷바라지해 주지만 자기를 낳아 준 고마운 부모에게는 왜 자식에게 쏟는 사랑의 절반도 보답하지 못할까?

유전적으로 따져 보면 부모와 자식 간에는 언제나 50%의 유전자 공유를 하게 된다. 그러면 얼핏 자식에 대한 유대감이나 부모에 대한 유대감이 똑같아야 할 것이다. 그런데 실제는 그렇지 않고 부모보다는 자식에게 훨씬 더 강한 유대감을 가진다는 것은 누구나 느낄 수 있을 것이다. 앞에서 설명한 대로 부부의 관점에서 보면 부부는 자식과 각기 50%씩의 유전자를 공유하게 된다. 하지만 부모와의 유전자 공유는 (50+0)/2가 되니 25%가 되는 것이다. 부부 중 한쪽이 사망하거나 이혼하고 어느 한쪽만 자녀를 기르면서 부모를 모시고 사는 경우도 상정해 볼 수 있다. 그 경우에는 부모와도 50%, 자녀와도 50% 유전자 공유를 하므로 유대감이 똑같을 것 같지만 여전히 자녀를 더 소중히 여기고 부모는 뒷전이 되기 쉽다. 이 경우 유전자 동질성이 같은데 왜 그럴까?

부모의 경우는 더 이상 자식을 낳을 수 없으니 투자를 해도 내가 가진 유전자를 후대에 남기는 데 아무런 도움이 되지 않지만 자식에게 투자하면 내가 가진 유전자를 후대에 남기는 데 기여할 수 있기 때문이라고 유추할 수 있다. 물론 이런 가족 관계를 유전자 측면에서만 분석하면 너무 비인간적이어서 거부감이 들 수도 있겠지만 유전자 차원에서 분석해 보면 우리 인간이 아무리 효를 강조해도 자식 사랑을 결코 이길 수 없다는 것은 이런 유전자의 원리를 생각하면 당연한 것으로 생각될 수 있다.

유성번식과 무성번식

• • 꽃은 피어도 씨앗이 맺히지 않는 상사화와
멸종 위기에 빠진 바나나 이야기

잎과 꽃이 서로 만날 수 없어 애달픈 꽃

• • 화려하게 꽃은 피어도 씨앗을 맺지 못해 더욱 슬픈 상사화 이야기

해마다 9월이면 경남과 전남북의 여러 사찰에서는 절 주변에 피어나는 꽃무릇 군락이 환상적인 모습을 연출한다. 지역에 따라서는 '꽃무릇 축제' 또는 '상사화 축제'란 이름으로 꽃무릇을 감상하는 축제를 벌이기도 하여 관광객이 구름같이 모여들기도 한다. 똑같은 꽃을 두고 어떤 곳에서는 상사화 축제라 부르고 또 다른 곳에서는 꽃무릇 축제라 불러 일반인들이 좀 혼란스럽기도 한데 정확하게 말하면 꽃무릇이지만 꽃무릇도 상사화의 한 종류이므로 어느

쪽이 아주 틀렸다고 하긴 어려울 것 같다. 좀 더 구체적으로 설명하면 상사화는 이 속의 식물을 아우르는 이름이기도 하면서 또 특정 종의 이름이기도 하다.

우리나라에 자생하거나 많이 재배되는 상사화 종류(*Lycoris* 속 식물)로는 상사화(*Lycoris squamigera*), 꽃무릇(*Lycoris radiata*), 붉노랑상사화(*Lycoris flavescens*), 위도상사화(*Lycoris uydoensis*), 제주상사화(*Lycoris chejuensis*), 백양꽃(*Lycoris sanguinea* var. *koreana*), 진노랑상사화(*Lycoris chinensis* var. *sinuolata*) 등이 있는데 이들 사찰에 대규모로 심겨져 있는 종류는 꽃무릇이다. 이 꽃무릇이 유명한 사찰은 한둘이 아니지만 특히 영광 불갑사, 함평 용천사, 그리고 고창 선운사는 식재면적도 어마어마하고 전국적으로 잘 알려져 있어 절정기엔 수많은 사람이 찾는 유명한 꽃무릇 관광지가 되었다. 대개 9월 중순을 전후하여 꽃이 피는데 온통 붉은 꽃이 대지를 덮듯이 핀 모습은 말 그대로 장관이다.

신기한 것은 이 꽃무릇은 잎도 줄기도 없이 땅에서 불쑥 꽃대만 올라와서 크고 화려한 꽃을 피운다는 것이다. 잎이 없이 꽃대만 올라와서 꽃을 피우니 화려하기도 하지만 정말 신기하지 않을 수 없다. 도대체 무슨 재주로 이렇게 잎도 없이 꽃을 피울까? 그 비밀은 꽃이 지고 난 후에야 알 수 있다. 꽃이 시들고 나면 꽃대 아래 땅속에서 녹색의 잎이 뾰족뾰족 돋아나기 시작한다. 이 잎은 겨울 내내 싱싱하게 살아 있다가 이듬해 봄이 지나 5~6월이 되면 누렇게 말

꽃무릇.

라버리고 만다. 그리고 잎이 마른 후 두세 달 지난 9월이면 꽃대가 자라나서 꽃이 피는 것이다. 결국 가을에 돋아난 잎이 가을부터 이듬해 봄 사이에 양분을 만들어 땅속 구근에 저장해 두면 이 양분으로 잎이 지고 난 후에 꽃이 피는 것이다.

모든 상사화 종류가 이처럼 가을에 잎이 돋는 것은 아니다. 위에서 든 상사화 종류 중에서 꽃무릇만 가을에 잎이 돋고 나머지 상사화 종류는 모두 아직 살얼음이 어는 이른 봄에 싹이 돋는다. 따라서 상사화는 일찍 돋아나는 새싹으로 오는 봄을 알려 주는 전령사 역할을 하므로 잎 또한 사랑스런 식물이다. 이렇게 일찍 돋은 잎은 초여름 6월경이면 누렇게 말라 버리고 만다. 잎이 말라 사라진 후인 7~8월이면 땅 속에서 불쑥 꽃대가 자라 꽃을 피우게 되니 이들 역시 잎과 꽃은 서로 만나지 못하는 운명이다. 꽃무릇과 상사화 등의 상사화 종류는 이처럼 모두 잎과 꽃이 만나지 못하고 서로 그리워한다고 하여 상사화(相思花)라고 부르게 된 것이다.

꽃과 잎이 서로 만나지 못하고 그리워하여 상사화라고 하니 참 애달픈 식물이란 생각도 든다. 그러나 그런 이름은 사람이 감상적으로 붙인 것이니 실제 잎과 꽃이 만나든 말든 큰 문제는 되지 않는 것이고 그건 상사화의 생존 방식이라고 볼 수 있다. 즉 키가 작은 상사화 종류는 다른 식물의 잎이 사라지고 없는 시기를 이용하여 광합성으로 양분을 합성하여 저장하는 쪽으로 진화한 것이라고 할 수 있다. 상사화는 다른 식물이 잎을 피워 햇볕을 가리기 전에 잎을 피워 광합성으로 구근에 양분을 저장하며 다른 식물이 무성해지는 여름철이면 잎의 수명이 다하는 것이다.

실제 상사화 꽃이 가슴 아픈 사연은 꽃과 잎이 만나지 못하는 데 있는 것이 아니라 그렇게 아름답고 큰 꽃을 많이 피우지만 단 한 알도 종자를 맺지 못한다는 사실에 있다. 무릇 식물이 꽃을 피우는 것은 다른 목적이 있어서가 아니라 종자를 맺어 번식하기 위한 것이다. 그런데 꽃은 피어도 종자를 맺지 못한다는 것은 아무 소용없는 일을 헛되이 하고 있는 것이니 애처롭지 않을 수 없다.

꽃무릇이나 상사화 꽃의 화려함에 반한 사람 중에는 화분이나 꽃밭에 이 상사화를 길러 보려고 꽃가게나 종묘상 등에 종자를 구입해 보고자 문의해 본 사람이 있을 것이다. 그런데 아무리 큰 종묘상이나 꽃집도 이 상사화 종자는 판매하지 않는다. 아예 종자가 맺지 않는 식물이니 종자를 구할 수 없는 것이다.

그렇다면 꽃무릇은 왜 그렇게 아름다운 꽃을 피우면서 종자가 맺지 않을까? 그 이유는 꽃무릇이 3배체 식물이기 때문이다. 꽃무릇은 중국 원산으로 두 아종이 알려져 있는데 원종인 *Lycoris radiata* var. *pumila*는 염색체가 2n=22인 2배체 식물로 종자를 맺을 수 있다. 하지만 우리나라에 보급된 꽃무릇은 *Lycoris radiata* var. *radiata* 아종으로 전체 염색체 수가 33개인 3배체 식물로 종자를 맺을 수 없다.

그렇다면 3배체 식물은 왜 종자를 맺을 수 없을까? 식물이 종자를 맺거나 동물이 유성생식을 할 때는 먼저 감수분열을 하여 생식세포를 형성하게 되는데 이 감수분열이라는 것이 세포가 가지고 있는 염색체를 절반으로 줄이는 과정이라고 할 수 있다. 감수분열 과정에서 염색체를 절반으로 줄이려면 상동염색체가 나란히 짝을 지은 후 염색체가 정확히 서로 분리되어 분열하는 두 딸세포에 나뉘어 들어가야 한다. 그런데 3배체 식물은 상동염색체가 세 벌씩 존재하므로 마치 삼각관계의 세 연인처럼 짝이 맞지 않아 염색체의 짝짓기와 분리가 정확하게 일어날 수 없어 생식세포가 정상적으로 형성되지 않는 것이다. 보통의 식물은 염색체가 두 벌이고(이 두 벌을 서로 상동염색체라 한다.) 이들이 감수분열 할 때 상동염색체끼리 짝을 지어 분리되는데 세 벌을 가지는 3배체 식물은 상동염색체가 홀수로 존재하므로 서로 짝을 맞출 수 없어 생식세포 형성이 일어나지 않는 것이다. 생식세포 형성이 되지 않으니 당연히 씨앗도 맺지 못하게 된다.

모든 상사화 종류가 이 같은 3배체 식물은 아니다. 상사화의 경우에는 전체 염색체수가 27개로 짝이 맞지 않는다. 이처럼 염색체 수가 짝수가 아니고 홀수로 나타나는 등 서로 짝이 맞지 않는 경우를 이수체(異數體)라 한다. 삼배체는 염색체의 세트 수가 3세트 존재하는 데 반해 이수체는 염색체의 수가 몇 개 더 있거나 모자라는 상태가 된 것을 말한다. 상사화는 아마도 3배체 식물이면서 삼배체 염색체 중 일부가 소실되어 이수체가 된 것으로 추정된다. 이수체의 경우도 감수분열 때 상동염색체의 규칙적인 짝짓기가 불가능하므로 종자가 맺지 않는 경우가 대부분이다. 또 다른 상사화 종류인 붉노랑상사화와 위도상사화는 모두 염색체 수가 19개로 이 역시 이수체로 종자를 맺지 않는다.

이처럼 우리나라에서 재배하고 있는 대부분의 상사화 종류는 삼배체이거나 이수체여서 종자를 맺지 못하는 것이다. 그렇다면 꽃무릇은 종자를 맺지 못하는데 어떻게 번식할 수 있을까? 그 비밀은 무성생식에 있다. 종자는 맺지 못하지만 알뿌리가 계속 불어나서 번식이 가능한 것이다. 그러니 꽃무릇을 꽃밭에 심고자 한다면 꽃이 진 직후인 9월이나 봄에 알뿌리를 구하여 심으면 된다. 이런 무성생식으로 번식한 식물은 앞의 〈식물복제 이야기〉에서 설명한 대로 복제식물이 되며 유전적으로 동일하여 유전적 다양성은 결여된다.

곰팡이 병으로 위기에 빠진 바나나

최근 동남아시아 바나나 재배 지역에서는 바나나를 고사시키는 곰팡이 병이 지속적으로 확산되어 바나나 농장이 심각한 위기에 빠졌으며 장차 지구상에서 모든 바나나가 사라져 버릴지도 모른다는 우려가 커지고 있다고 한다. 왜 이렇게 바나나는 멸종을 걱정해야 할 정도로 곰팡이 병에 속수무책으로 취약할까? 그 가장 큰 이유는 바나나의 번식 방법 때문이다.

현재 전 세계에서 재배되고 있는 바나나는 모두 동일 계통인 캐번디시(Cavendish) 종으로 3배체 식물이다. 3배체 식물은 염색체가 세 벌 존재하는 것으로 대부분의 동물과 식물은 염색체가 두 벌 존재하므로 이런 식물은 별난 경우라고 할 수 있다. 우리가 수박이나 포도를 먹을 때는 연신 씨앗을 뱉어 내야 하므로 불편하고 성가시지만 바나나를 먹을 때는 씨가 없어 이런 불편이 없는 것은 바로 바나나가 3배체 식물로 상동염색체가 세 벌 존재하여 씨앗이 맺히지 않기 때문이다.

그런데 이렇게 씨앗이 맺히지 않는 바나나는 어떻게 번식할까? 식물은 씨앗으로 번식하는 유성번식 외에도 무성번식이 가능하다는 것을 앞의 꽃무릇 예에서 설명한 바 있다. 바나나는 지하에서 새 줄기가 생겨 모주 옆에 자라나는 성질이 있어 이렇게 벋어 나오는 새 포기를 떼어 심는 분주로 번식하게 된다. 따라서 지속적으로 무성번식이 이어지게 되어 동일 계통의 바나나만 존재하게 된 것이다. 씨앗으로 번식하면 서로 다른 형질을 가진 개체 간에 교배되어 유전적 다양성을 가지게 되지만 무성번식만 지속하게 되어 다양성이 사라지게 된 것이다. 다양성이 사라진다는 것은 유전적으로 같은 형질을 가진 바나나만 재배하게 되었다는 것을 의미한다.

그런데 이 동일 계통의 바나나 종이 병충해에 취약하여 특히 파나마병이란 곰팡이 병에 저항성이 없어 속수무책인 실정이라는 것이다. 파나마병은 현재로는 아시아 지역에 국한돼 있기는 하지만 다른 지역으로 확산되는 것은 시간문제로 보고 있다. 씨앗이 없어 먹기 좋은 바나나를 재배하던 인류는 역설적이게도 그 편리함의 대가를 혹독하게 치르게 될지도 모르는 위기에 빠지게 된 것이다.

우리가 주식으로 삼는 벼를 예를 들면 벼는 찰기가 강하고 밥맛이 좋으며 쌀알의 길이가 짧은 단립종과 찰기가 적으며 쌀이 길쭉한 장립종으로 크게 나누며 단립종과 장립종 내에서도 또 수많은 품종이 있어 쌀의 품질도 제각기 다르고 또 병충해에 대한 저항성도 품종에 따라 제각기 다르다. 이처럼 제각기 다른 품종이나 계통이 존재하게 되는 것은 이들이 유성번식으로 다양성을 가질 수 있기 때문이다. 반면에 바나나는 그런 유성생식을 하지 못하므로 다양성이 사라지게 된 것이다.

그런데 바나나의 멸종을 걱정하던 과학자들에게 최근 희소식이 들렸다. 아프리카 동부 마다가스카르 섬에서 씨앗이 맺히는 야생 바나나가 발견되어 바나나의 멸종을 막아 줄 구세주가 될지 기대를 모으게 된 것이다. 씨앗이 맺히는 것으로 보아 3배체가 아니며 아마도 짝수 배수체(2배체, 4배체, 6배체 … 등)일 것이다. 앞에서 설명한 대로 식물이 씨앗을 맺으려면 염색체가 짝수 세트로 존재해야 하기 때문이다. 이 바나나는 크기도 작고 맛도 별로지만 병충해에 강한 특성을 갖추고 있어 재배 중인 바나나와 교배를 통해 맛도 좋으면서 병충해에 강한 새로운 바나나 품종의 생산에 기여하게 될 수 있으리라 기대하는 것이다. 물론 그와 같은 과정은 생각처럼 쉽지 않을 수도 있으며 매우 험난할 수도 있다. 왜냐하면 병에 강하기만 해서는 안 될 것이며 병에도 강하면서 또 바나나의 맛 등 품질도 좋아야 하고 생산성도 높아 바나나가 많이 열릴 수 있어야 하는 등 상품성과 경제성까지 모두 갖추어야 할 것이기 때문이다.

그런데 이들 야생 바나나와 3배체인 재배 바나나는 어떻게 교배할 수 있을까? 식물은 잡종이 비교적 잘 되므로 서로 다른 종이나 품종 간에 잡종을 만드는 것은 대개 그리 어렵지 않다. 그러나 3배체 식물은 생식세포 형성 자체가 어려우므로 다른 품종이나 식물과 잡종 형성 자체가 일어날 수 없는 난점이 있다. 따라서 우선 3배체 바나나를 배수체로 만들어야 야생 바나나와 교배가 가능해진다. 그 방법은 대개 생장점을 콜히친 등으로 처리하여 세포 분열 시 염색체불분리(染色體不分離)를 유도하는 방식을 사용한다. 그 결과 6배체 등의 짝수 배수체 바나나를 만든 후 이것과 야생 바나나를 교배하는 방법을 사용할 수 있을 것이다.

그런데 이런 희망도 자칫 잘못하면 물거품이 될지도 모른다는 우려도 여전히 크다. 보도에 따르면 마다가스카르에서 발견된 이 야생 바나나가 단 5그루에 불과하여 종 자체가 심각한 멸종 위기에 빠져 있다고 한다. 지구상에 단 5그루 남아 있다는 것은 사실상 멸종이나 다름없는 상태지만 다행인 것은 과학자들이 그 바나나의 중요성을 잘 인식하고 있다는 사실이다. 앞으로 이 야생 바나나를 잘 보존하고 증식하여 장차 바나나를 멸종 위기에서 구해 낼 유전자 자원으로 활용할 수 있을지 여부는 이 종의 보존과 증식에 성공하느냐에 우선 달려 있다고 해야겠다.

이런 바나나의 예에서 볼 수 있듯이 때로는 재래종 품종이나 야생 품종도 인류에게 획기적인 이익을 가져다줄 수 있는 중요한 유전자원이므로 세계 각국은 이런 유전자원 보존에 큰 힘을 쏟고 있다. 세계 여러 나라의 과학자들은 야생 유전자 자원의 보존은 물론이고 수익성이 낮고 품질이 떨어져 농민들이 외면하는 수많은 농작물의 재래종 품종 등의 보존을 위해 종자은행 등을 설립하여 재래종 유전자원의 보존에도 심혈을 기울이고 있는데 이는 바나나의 예에서처럼 앞으로 환경 변화에 따라 지금은 외면당하는 재래종 품종의 유전자가 앞으로 활용될 수도 있을지 모르기 때문이다.

유성번식과 무성번식

식물의 번식에는 무성번식과 유성번식이 모두 가능한 경우가 많은데 식물 종에 따라서는 유성번식이 주가 되기도 하고 무성번식이 주가 되기도 한다. 위에서 상사화의 예를 들었지만 대나무는 꽃이 피어 종자를 맺을 수도 있지만 꽃이 피는 것 자체가 아주 드문 현상으로 수십 년 만에 한 번 꽃이 필까 말까 할 정도이다. 옛 어른들은 흔히 '대나무에 꽃이 피면 난리가 난다'는 말씀을 하시곤 했다. 실제 대나무에 꽃이 핀다고 난리가 나는 것은 아니겠지만 대에 꽃이 피는 것은 난리가 나는 것만큼이나 드문 일이고 놀라운 일이라는 반증이기도 하다. 이처럼 꽃이 거의 피지 않는 대신 땅속줄기(지하경)로 번식하게 된다. 우리가 맛있는 먹거리로 이용하는 죽순은 바로 대의 땅속줄기가 자라난 것이다. 이렇게 땅속줄기로 번식하는 것은 무성번식으로 모주의 형질을 그대로 물려받게 된다. 이렇게 유전 형질을 100% 그대로 물려받은 생물 종 집단을 흔히 '클론(clone)'이라고 한다. 어떤 대밭에 자라난 모든 대, 같은 감나무 모주에서 가지를 잘라 접붙이기로 번식한 모든 식물은 클론이 되며 같은 고구마에서 순을 잘라 심은 수많은 고구마 포기 역시 클론이 된다. 앞의 꽃무릇도 애초에 한 포기에서 수없이 분구하여 번식된 것이라면 이 역시 클론이 된다.

클론처럼 유전 형질이 똑같은 수많은 개체는 동일한 품질의 과일을 생산할 때는 유리하지만 특정 병에 대한 저항성이나 특정 해충에 대한 저항성 등에서는 동일하게 감수성을 가질 수 있어 때로는 그 클론은 치명적인 위험에 처할 수도 있게 됨을 앞의 바나나 예에서 설명한 바 있다. 따라서 식물이나 동물은 무성번식의 편리함에서 벗어나 보다 위험 부담이 크고 자원이 많이 요구되는데도 유성번식을 하는 경우가 많다.

유성번식은 왜 위험 부담이 큰지 생각해 보자. 우선 씨앗으로 유성번식 하는 식물의 경우 꽃의 암술머리에 수술의 꽃가루가 묻는 수분이 이루어져야 씨앗이 맺힐 수 있다. 만약 자웅이주의 식물이라면 암꽃만 피는 암나무나 수꽃만 피는 수나무는 벌이나 바람이 꽃가루를 운반해 줄 수 없을 정도로 멀리 떨어져 있다면 꽃은 피어도 종자는 맺을 수 없을 것이다. 또 비교적 가까이 있다고 하더라도 벌이 수분을 매개해 주지 않아 수분이 이루어지지 않는 경우도 있을 수 있다. 과수원에서 재배하는 사과나무나 시설에서 재배하는 토마토 등의 경우 그대로 내버려두면 수분율이 너무 낮아 경제성이 떨어지므로 사람이 일일이 인공수분을 하거나 꿀벌이나 머리뿔가위벌 또는 뒤영벌 등을 방사하여 이들이 수분을 하도록 유도하게 된다.

식물의 입장에서 유성번식을 하기 위해서는 반드시 수분을 해야 하므로 수분을 매개하는 벌 등을 유인하기 위해 꽃에 꿀을 저장하거나 이들을 유혹할 수 있는 좋은 향기를 만들어야 하는데 이런 물질을 생산하는 데도 에너지와 자원이 소요됨은 물론이다. 이처럼 유성번식은 단순한 무성번식보다 복잡하고 어려운 과정이 요구되는 것이다.

생물의 유전 형질 다양성 확보 전략

• • 자가수분의 회피

이전에 야생 백작약을 구하여 길러 본 적이 있다. 고향에 다니러 갔더니 고향 선배가 귀한 꽃이 있다며 일부러 불러 보여 주는데 야생 백작약이었던 것이다. 이게 어디서 났냐니까 동네 아주머니들이 산에 나물 캐러 갔다가 발견하여 캐어 온 것을 얻어 심었다는 것이다. 산야에 자생하지만 개체 수가 아주 적어 쉽게 발견하기 어려운 희귀한 야생화를 보고 그냥 넘어갈 필자가 아니다. 형을 어르고 달래고 사정하여 빼앗다시피 기어코 백작약을 얻어 돌아왔다. 꽃을 좋아하는 내게 그 가치를 인정받고 싶어서 자랑했다가 욕

심 많은 동생에게 뺏기고 만 것이다. 희희낙락 집으로 돌아와서 좋은 환경의 장소에 심어 놓고는 이제 여기서 씨앗을 받아 증식해야지 하고 꿈에 부풀었다.

이듬해 봄, 기대에 어긋나지 않게 꽃이 네 송이나 피었다. 자연적으로 수분이 될 수도 있지만 그러지 않을 수도 있으므로 확실히 하기 위해 인공수분을 하기로 했다. 인공수분은 붓으로 꽃가루를 묻혀 암술머리에 발라 주는 것으로 어렵지 않은 일이다. 혹시나 벌과 같은 곤충이 집에서 재배하는 집 작약의 꽃가루를 묻혀 수분함으로써 잡종이 되면 안 되므로 인공수분 후 모기장을 잘라 이중으로 꽃에 봉지를 씌워 두었다. 곤충의 접근을 차단한 것이다.

그런데 그렇게 정성들여 인공수분을 했는데도 가을이 되었을 때 종자는 한 알도 영글지 않았다. 실망했지만 지난해엔 뭔가 잘못됐겠지 하고 다음 해 봄에 꽃이 피자 또다시 인공수분을 시도했다. 이번에는 더욱 조심스럽게 그리고 정성스럽게. 그런데 그해 가을에도 여전히 여러 송이의 꽃에서 단 한 알의 종자도 얻지 못하고 말았다. 두 번에 걸쳐 7~8송이의 꽃을 인공수분 했는데도 전혀 종자가 맺지 않는 것에서 백작약은 자가수분을 회피하는 성질이 강한 것으로 단정하지 않을 수 없었다. 식물은 후손의 유전적 다양성을 증가시키기 위해 때로 암술과 수술이 하나의 꽃에 다 있는 꽃이라 하더라도 반드시 다른 포기의 꽃에서 온 꽃가루에만 수분되는 자가불친화성(自家不親和性)을 가지는 경우도 흔히 있기 때문이다. 마치 사람이 근친결혼을 하지 않고 반드시 다른 가계의 사람과 결혼하는 것과 비슷한 현상이라고 보면 되겠다.

그런데 3년째 되는 해에 놀라운 일이 일어났다. 자가수분이 안 되는 것으로 알고 인공수분을 포기하고 내버려두었는데 스스로 종자가 맺은 것이다. 그것도 여러 송이에서 여러 알의 종자가 맺었다. 백작약은 딱 한 포기뿐이므로 다른 백작약에 의한 타가수분의 가능성은 없으니 자가수분이 되었거나 아니면 집에서 이전부터 재배하고 있던 집 작약과 교잡이 된 것 중 하나일 것이다. 집 작약은 백작약과 흡사하지만 엄연히 식물학적으로 다른 종이다. 교잡이 되었기보다는 백작약의 자가수분으로 백작약이 증식되길 기대하면서 종자를 심어 길렀는데 이게 기대와는 달리 잎의 모양이 집 작약과 아주 흡사했다.

몇 년 지나 꽃이 피었는데 꽃의 모양도 백작약보다는 집 작약과 더 흡사했다. 결국 백작약 포기에서 얻은 종자지만 집 작약과의 잡종이 틀림없다고 확신할 수 있었다. 필자는 이 백작약의 예에서 식물이 때로 유전적으로 비슷한 다른 종과 교잡을 할지언정 완고하게 자가수분을 회피하기도 한다는 것을 알게 되었다. 이렇게 자가수분을 회피하는 가장 큰 이유는 앞에서 설명한 대로 보다 다양한 후손을 가지기 위함이다.

물론 모든 식물이 이렇게 완고하게 자가수분을 회피하는 것은 아니다. 일부 식물에서는 자가수분이 자연스런 현상이며 또 타가수분보다 자가수분을 선호하는 식물도 있다. 물론 자가수분을 하더라도 염색체 재배열이 일어나므로 무성생식 하는 것과는 달리 클론은 아니며 자가수분 결과 생겨나는 종자의 유전적 형질은 제각기 달라진다. 타가수분만큼 극도로 다양한 형질의 자손은 아니더라도 여전히 다양한 자손을 생산할 수 있는 것이다.

이번엔 동물에서의 경우를 살펴보자. 유성번식을 하기 위해서는 이성을 찾아야 하며 또 이성의 마음에 들어야 한다. 때로는 경쟁자가 있어 목숨을 건 치열한 경쟁을 이겨야 이성과 짝짓기 할 수 있는 경우도 있다. 그럼에도 유성번식을 하도록 생물이 진화된 것은 그런 어려움과 위험 요소를 감수할 만한 가치가 있기 때문인데, 바로 후손이 유전적 다양성을 가지게 된다는 것이다. 이런저런 서로 다른 형질의 자손을 남기면 다양한 환경에서 살아남는 자손의 비율이 높아질 수 있는 것이다. 보다 정확하게 얘기하면 다양한 환경에 적응할 수 있는 후손이 생길 확률이 높아지므로 후손이 모두 멸종되는 사태를 피할 수 있게 되는 것이다.

우리는 같은 부모에서 태어난 형제자매들이 서로 닮지만 또한 제각기 서로 다르다는 것을 익히 보게 된다. 이렇게 같은 부모에게서 태어난 형제자매들이 성격, 키, 지능, 용모 등이 제각기 다르게 나타나는 다양성을 보이는 이유는 무엇일까? 그 이유는 유성생식 과정의 전제인 정자와 난자 같은 생식세포 형성 과정에서 염색체가 재배열되어 조합되기 때문이다. 사람의 염색체는 23쌍이 존재하므로 생식세포 형성 때 이 23쌍의 염색체가 조합되는 경우의 수는 2^{23} 가지가 되므로 일란성 쌍생아가 아닌 한 같은 부모라 할지라도 유전적으로 동일한 자녀가 태어날 수 없게 된다.

찬란한 태양이 죽음의 저주로 다가오는 유전병, 색소성건피증

• • 태양을 피해 숨어 살아야하는 치명적 유전병 이야기

모든 생물의 발생과 성장 및 생명 유지를 위한 여러 가지 생리 현상에는 어김없이 유전자의 발현이 있어야 한다. 유전자는 DNA로 구성되어 있으며 DNA가 가진 정보는 RNA 및 단백질로 전환되어 생명 현상을 유지하고 조절하게 된다. 그런데 이런 유전정보를 가진 DNA가 잘못되면 돌연변이가 되어 생명 현상의 발현에 상당한 장애가 일어날 수 있다. DNA 돌연변이를 유발할 수 있는 요인으로는 X선과 같은 여러 종류의 방사선, 자외선, 위험한 여러 종류의 화학물질 등을 들 수 있다. 이런 여러 요인 중 자외선은 수많은 생물들이 가장 많이 노출되는 돌연변이 유발원이다. 지구는 낮 동안에는 태양이 비치는데 태양에서는 다양한 파장의 가시광선과 함께

자외선도 방출되기 때문이다. 따라서 대부분의 생물은 이런 태양으로부터 오는 자외선에 의해서 일어나는 DNA의 변화를 바로잡는 시스템을 가지는 것으로 진화해 왔다.

사람도 예외가 아니어서 자외선에 의해 유발되는 DNA 잘못을 바로잡는 몇 가지 시스템을 가지고 있다. DNA 잘못을 바로잡는 이런 시스템도 역시 DNA에 의해 만들어지는 여러 종류의 단백질 인자와 효소 등에 의해 조절되고 수행된다. 그런데 만약 이 고장 수리 시스템 자체가 잘못되어 작동할 수 없게 된다면 어떻게 되겠는가? 이는 공장에서 기계장치의 이상을 감시하고 수리하는 기술자가 사라지면 당연히 기계의 고장 빈발로 연결되는 것과 같은 결과를 낳게 된다. 바로 DNA 돌연변이 빈발로 이어지게 되는데 DNA 돌연변이는 많은 종류의 암 발생과도 관련이 있고 여러 가지 유전병을 일으키기도 한다.

사람의 경우 DNA 수선 불능으로 나타나는 유전병에는 여러 가지가 있는데, 가장 대표적인 것이 색소성건피증(色素性乾皮症, XP, xeroderma pigmentosum)이다. DNA에 강한 에너지를 가진 자외선이 작용하면 흔히 DNA를 구성하는 염기 중 인접한 피리미딘 염기 간에 공유결합이 형성되기 쉽다. DNA를 구성하는 피리미딘 염기로는 시토신과 티민이 있는데 둘 중에서도 특히 티민 간의 공유결합이 잘 일어난다. 이러한 티민 간의 결합체를 티민 이량체라 부르는데 이량체가 형성되면 DNA의 구조를 왜곡시키므로 복제할 때 실수가 일

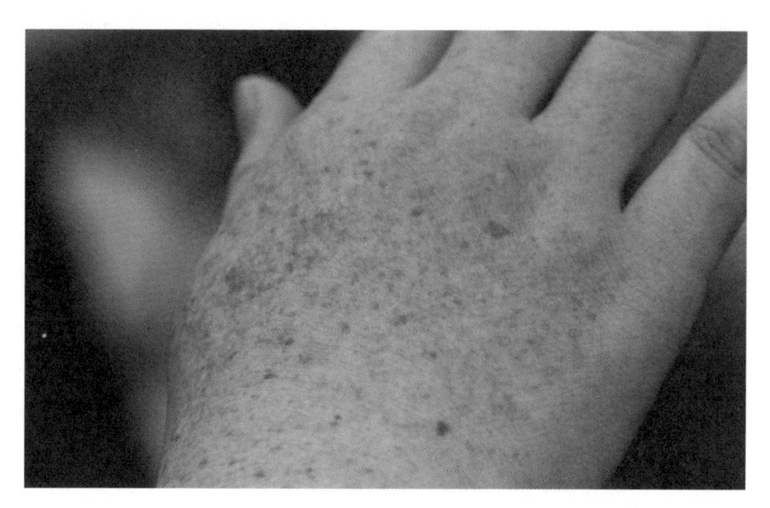

색소성건피증 이형접합자에서 나타나는 색소 침착.

어나기 쉽고 그러면 돌연변이로 귀결될 수 있다. 수리 시스템이 정상적으로 작동되는 세포라면 이렇게 형성된 티민 이량체는 효과적으로 제거 및 수리되지만 수선이 불가능하다면 돌연변이로 연결될 수 있는 것이다. 색소성건피증은 바로 이 수리 시스템이 고장 난 사람에게서 볼 수 있는 유전병이다.

과학자들의 상보성 연구 결과 색소성건피증은 8가지 유형이 있으며 적어도 10개의 서로 다른 대립 유전자의 돌연변이에 의해 유발되는 것으로 밝혀졌다. 8가지 유형은 과학자들이 유전자 분석으로 밝혀낸 것으로 실제 증상이 서로 크게 다른 것은 아니다. 8가지 유형에 대립유전자는 10개가 있는 것은 제4형과 제7형은 각기 2개씩의 유전자가 관여하기 때문이다.

쉽게 말해서 이들 열 가지 유전자 중 한 가지만 완전히 기능을 상실해도 XP 환자가 되고 만다. 우리가 자외선을 내뿜는 밝은 태양 아래서 마음대로 활동할 수 있는 것은 이런 DNA 수리 시스템의 정상적인 작동 덕분이라 해도 과언이 아닌 것이다.

XP 환자는 DNA 손상이 일어났을 때 정확하게 원래의 염기서열로 대체시키는 수선 방법인 '뉴클레오티드절제복구(Nucleotide excision repair, NER) 장치'가 고장 나서 나타나는 드문 유전병이다. 환자가 자외선에 아주 민감한 이유는, 자외선이 피부 세포의 DNA에 손상을 일으켰을 때 정상인 사람의 경우 뉴클레오티드절제복구(NER) 등에 의해 이 손상을 원상으로 회복할 수 있지만 색소성건피증 환자는 NER을 수행할 수 없으므로 DNA 손상이 쉽게 복구될 수 없어 돌연변이로 연결되고 따라서 피부암 등 여러 병변을 일으키게 되는 것이다.

손상된 DNA 복구 방법에는 NER 외에도 염기절제복구(BER), 재조합복구(recombination repair) 등이 존재한다. 즉, NER은 손상된 DNA를 복구하는 여러 방법 중의 한 가지인 것이다. 얼핏 생각하면 다른 복구 방법이 있으므로 한 가지가 고장 나도 큰 문제가 없을 것 같지만 실제로는 그렇지 않고 자외선이 아주 치명적으로 작용하는 것은 피부에서의 DNA 손상이 의외로 상당히 높은 빈도로 일어나고 있어 모든 복구 메커니즘이 정상적으로 작동되어야 함을 시사한다고 할 수 있다.

XP에 걸린 사람은 햇빛에 수분 정도만 노출되어도 심한 일광화상을 입으며 햇빛에 노출된 부위에 주근깨가 생기고 피부가 메마르며 심하게 짓무르는 증상과 색소 침착이 일어나게 된다. 대개 강보에 싸인 갓난아기 시절 태양이 비치는 환경으로 첫 외출을 다녀온 후 증상이 나타나게 된다. 피부를 이루는 세포의 DNA 손상이 심하여 세포가 괴사되기도 하여 나타나는 증상이므로 병원에서 여러 가지 치료를 해도 쉽게 낫지 않으며 다시 태양에 노출되면 증상은 더욱 심해지게 된다. 이런 피부의 병변 외에 청력 손상, 운동능력 부조화, 발작 같은 신경계 증상이 수반되기도 하며 피부암, 뇌암, 백내장 발병 위험이 높아지게 된다. 특히 피부암 발병 위험은 일반인보다 1,000배나 높아 특별한 예방 조치를 취하지 않았을 경우 생후 10세까지 피부암에 걸리는 이환자(罹患者)의 비율이 절반에 달하게 된다(NIH, 2018).

XP는 환자 중 20세 이상까지 생존하는 사람의 비율은 40% 미만일 정도로 치명적인 유전병이다. 전체 환자의 60% 이상이 20세 이전에 사망하게 되는 셈이며 이환자의 평균 수명은 약 30세 정도이다.

XP는 상염색체성(常染色體性) 열성유전병이므로 남녀 구별 없이 발생하게 된다. 미국의 경우 약 25만 명당 1명꼴로, 유럽인은 43만 명당 1명꼴로 나타나는 것으로 알려져 있다(Lehmann et al., 2011).

현재 XP를 근본적으로 치료하는 방법은 없으며 햇빛을 완벽하게 피하는 것만이 최선의 예방책이다. 자외선에 극도로 민감하므로 햇빛이 비치는 낮 동안에는 외출을 자제해야 한다. 피치 못해 외출할 때에는 온몸을 가리고 자외선을 차단하는 선글라스와 장갑을 끼고 다닐 것을 권한다. 해가 진 직후나 일출 직전에도 반사 및 산란된 자외선이 존재하므로 마찬가지로 보호해야 하며 한밤중에는 문제가 없다. 또한 실내에서 생활할 때도 낮 동안에는 창으로 자외선이 들어오므로 커튼을 치고 인공조명으로 생활해야 한다.

레티노이드(retinoid) 크림을 바르면 피부암의 발생 위험을 낮추어 주며 환자는 햇빛을 회피하게 되어 체내에서 비타민 D의 생산이 어려우므로 이의 복용이 권장된다. 그나마 다행인 것은 햇빛으로부터 완벽히 보호된 생활을 한다면 신경계적 증상이 나타나지 않고 예후는 비교적 좋은 편이다.

XP로 암이 발생한 환자의 암세포를 조사한 결과 대부분의 경우에 p53 유전자의 돌연변이가 관찰되었다(Daya-Grosjean and Sarasin, 2005). p53 유전자는 세포에서 암 발생을 억제하는 데 있어서 가장 중요한 역할을 하는 유전자로 만약 이 유전자가 돌연변이 되면 각종 암이 발생하게 된다. DNA 수선 불능이 p53 유전자의 돌연변이를 일으키게 되고 그리되면 이 유전자 산물에 의한 암 억제 기작이 작동되지 않아 피부암을 위시한 각종 암이 발생하게 되는 것이다.

필자는 10여 년 전 색소성건피증으로 진단받은 여성을 상담한 적이 있다. 처음에는 온라인으로 몇 차례 상담을 했지만 온라인 상담은 유전 메커니즘 등 여러 가지를 상세히 이해하는 데 한계가 있으니 당사자도 답답했던지 꼭 한번 직접 만나 뵙고 정확한 설명과 유전의 메카니즘에 관해 조언을 듣고 싶다고 하여 내게 찾아온 것이었다.

그녀와의 첫 만남은 내가 개인 블로그에 올린 색소성건피증에 관한 글을 보고 자기는 바로 그 병의 환자라며 동생도 같은 증상을 가지고 있다고 하소연한 데서 시작했다. 그러면서 아버지는 아무런 이상이 없으시며 어머니는 아주 약한 증상을 보이지만 젊은 나이엔 아무런 증상도 없었다고 했다.

원래 색소성건피증은 상염색체성 열성유전병이므로 아버지와 어머니 모두 이형접합으로 정상일 때 자녀에서 25%의 확률로 나타나게 되므로 부모가 모두 정상인 것은 전혀 이상한 일이 될 수 없고 당연한 일이다. 대개 젊은 나이에 피부암 등 여러 암에 걸려 죽게 되며 암 외에도 여러 가지 무서운 증상이 나타나는 악성 유전병이니 그녀의 가엾은 현실에 뭐라고 동정이나 위로의 말도 하기 어려웠고 무척 안타깝고 당혹스러웠다.

어쨌거나 그녀의 가계를 분석하기 위해 몇 가지 질문을 했더니 놀랍게도 이종사촌 언니 둘도 같은 증상을 보이고 있다는 것이었다. 그러면서 그녀는 아주 희귀한 유전병이라는데 그러면 우리 사촌 자매는 얼마나 어려운 확률로 이 병에 함께 걸린 건지 모르겠다는 것이었다.

나는 그 이야기를 듣고는 '아하 이건 색소성건피증이 아니구나' 하고 직감했다. 유전자 빈도가 극히 낮은 열성 유전질환이 사촌 간에 동시에 나타날 확률은 그야말로 희박한 일이기 때문이다. 사촌 간에 희귀한 유전질환이 함께 나타난다면 거의 틀림없이 우성유전병인 것이다. 그래서 어디서 진단을 받았는지를 확인해 보았더니 피부과에서 큰 병원에 가서 진단을 받아 보라고 하여 유명한 모 대학병원에서 진단받았다는 것이었다.

유명 대학병원에서 진단을 받았다니 혼란스러웠다. 내가 알고 있는 색소성건피증의 유전방식이나 증상과는 다른 것 같은데 대학병원에서 진단 받았다니 이 또한 무시할 수도 없고…. 내가 잘 모르는 게 있나 하고 색소성건피증에 관한 관련 자료를 샅샅이 뒤져 보았다.

다행히 관련 자료를 찾을 수 있어 의문이 풀렸다. 색소성건피증은 열성유전병이지만 그 유전자를 하나만 가지는 이형접합자의 경우 색소침착이 일어난다는 내용을 확인할 수 있었다.

우리가 보통 접하는 유전학 관련 서적 등엔 유전병의 증상 등이 상세하게 설명되지는 못하고 아주 기본적인 내용만 수록되기 마련이다. 따라서 유전학을 가르치는 입장에서도 당연히 모든 유전병의 증상을 상세히 알 수는 없다. 만약 그런 내용까지 상세히 기재한다면 책이 엄청나게 두꺼워질 것이고 결국 그런 지엽말단적인 내용을 가르치다가 보다 중요한 기본적인 유전 원리엔 소홀해질 수도 있을 것이다. 내가 가진 수많은 유전학 관련 원서에서는 모두 색소성건피증은 열성유전병이며 이형접합자는 정상이라고 설명하고 있으므로 나도 당연히 이형접합자는 정상으로만 알고 있었지만 관련 자료를 찾아 알고 보니 실제는 색소침착이 일어나는 증상을 보인다는 것이었다.

그녀는 바로 색소성건피증 유전자를 하나만 가진 이형접합자였던 것이다. 이형접합에서 색소침착이 일어난다면 색소침착 자체는 내 예상대로 우성 유전 형질이 되는 것이다. 그러나 이를 색소성건피증이라고 이야기할 수는 없는 것이다. 왜냐하면 정상 유전자도 하나 가지고 있기 때문에 암에 걸릴 위험이 거의 없으며 색소침착 외의 다른 증상이 발현되는 경우도 거의 없기 때문이다. 그럼에도 그녀는 고교 시절 대학병원에서 색소성건피증으로 진단 받은 이후 인터넷에서 습득한 여러 정보를 토대로 암에 걸려 오래 살지 못하고 죽게 된다는 절망감에 사로잡혀 살아왔으며 결혼도 하지 않겠다고 마음먹고 있었다는 것이었다. 내가 이런 내용을 그녀에게 알려 줄 때는 그녀 못지않게 기뻤다.

그녀는 반신반의하면서 정말로 색소성건피증 환자가 아닌지 묻고 또 묻고 하다가 직접 집으로 방문까지 했던 것이다. 당시 28세로 필자의 자녀와 비슷한 나이 또래였는데, 목과 손등에 적지 않은 색소침착이 있었으나 얼굴은 거의 깨끗한 상태였다. 얼굴이 깨끗한 것은 한창 나이의 처녀라 피부과에서 레이저 시술 등으로 관리를 했기 때문이지만 그런 관리로 용모를 유지할 수 있다는 것으로도 심각한 증상이 아니라는 것을 보여 주는 것이다.

동생이나 이종 사촌 언니들의 증상도 심하지는 않다고 했다. 증상을 가진 네 명의 사촌 자매들이 모두 25세가 넘는 나이지만 색소침착 외에는 별다른 증상 없이 건강하게 생활하고 있는 것만으로도 이를 색소성건피증으로 볼 수는 없는 것이다.

나는 그녀에게 결혼하여 자녀를 두어도 절반의 확률로 자녀에서 색소침착이 나타날 수 있으며 나머지 절반의 자녀는 그런 색소침착도 걱정하지 않아도 됨을 설명해 주고 안심해도 되니 좋은 남자 만나서 자식 낳고 행복하게 살라고 웃으며 얘기해 줄 수 있었다. 색소침착 정도가 뭐가 어떠냐면서….

그녀는 색소성건피증의 발병 원인과 발병 메커니즘에 관한 필자의 설명을 듣고는 안심하고 몇 번이나 고맙다는 인사를 했다. 무엇보다 자신은 견딜 수 있지만 동생이 같은 증상이 있어 가여웠는데 동생에게 걱정하지 않아도 된다는 얘기를 해 줄 수 있어 기쁘다고 하는 그녀를 보고 마음씨가 곱고 가족 간의 사랑이 깊음을 느낄 수 있었다.

한편으로는 대학병원의 피부과 의사 선생님은 가계 조사를 다 했으면서 왜 열성유전병이 사촌 간에 나타났는지는 간과하고 어린

학생에게 그런 몹쓸 병으로 진단을 내려 충격과 절망을 안겨 줬는지 그 무책임성에 화가 날 정도였다. 사촌 간에 이런 증상이 나타나고 색소성건피증이라는 진단을 받았다면 거의 틀림없이 단순한 색소침착증일 가능성이 높은 것인데 말인다.

이형접합자에서 볼 수 있는 색소침착은 온몸에 나타나는 것은 아니고 햇빛에 노출되는 피부 부위에만 일어나게 된다. 따라서 이런 증상이 있는 사람은 무엇보다 햇빛을 적극적으로 회피하면 예방이 가능하다. 가급적 실내에서 생활하는 것이 좋고 외출할 때에는 자외선을 차단할 수 있는 모자, 얼굴 전면을 덮는 마스크, 선글라스를 착용하며 그래도 노출되는 부위는 선크림을 바르는 것이 좋다.

울릉도 통구미 향나무 자생지.

한국의 갈라파고스, 울릉도와 제주도

• • 섬에는 왜 고유생물이 많을까?

갈라파고스 제도는 찰스 다윈(Charles Darwin, 1809~1882)이 수많은 고유생물을 관찰하여 '종의 기원'이라는 불멸의 저서를 통해 적응에 의한 진화라는 획기적인 진화이론을 정립한 계기가 된 곳으로 유명하다. 18개의 큰 섬과 3개의 작은 섬으로 이루어져 있는 화산섬으로 가장 오래된 섬은 300~500만 년 전에 화산활동으로 탄생했다. 남미 에콰도르 영토인데, 가장 가까운 육지인 에콰도르 서해안과는 약 900여km 떨어져 있다. 위도는 거의 적도에 가까우며 수많은 고유종들이 서식하고 있어 이 일대는 국립공원으로 지정되어 있다.

그런데 갈라파고스 제도엔 왜 고유종이 많을까? 대양 가운데 있는 섬은 이전에 육지와 붙어 있던 섬이든지 또는 바다 가운데서 화산활동으로 생성되었든지 간에 육지에 있는 생물과의 유전적 교류가 극히 어려워진다. 육지에서 분리되어 대양 가운데로 고립되었을 경우 원래 서식하던 생물들은 분리 당시에는 육지의 생물과 같았겠지만 오랜 세월을 지나면서 섬이라는 독특한 기후와 환경에 적응하여 진화하게 되고 결국은 육지의 생물과 다른 종으로 분화될 수 있는 것이다.

대양(大洋) 가운데서 화산활동 등으로 새로 형성된 섬의 경우 화산활동이 중지된 후 세월이 지나면서 지각이 안정되면 생물이 살 수 있는 여건이 조성된다. 육지에서 폭풍에 휩쓸려 오거나 또는 새와 같은 동물이 표류하거나 이동 중에 식물의 씨앗을 퍼뜨려 점차 식물이 자리 잡게 되고 이어 동물도 우연히 이주하여 생물 종이 점차 증가하게 될 것이다. 육지에서 이주해 온 생물은 모두 대양상의 섬이라는 독특한 환경에 적응하여 육지와는 다른 진화 경로를 겪을 수밖에 없게 되어 오랜 세월이 지나면 원래의 종과는 서로 다른 종으로 변할 수 있는데 이와 같이 원래 같았던 종이 서로 다른 지역에서 다른 종으로 분화되는 것을 이소적 종분화(異所的種分化)라 한다. 반면에 염색체의 배수체화(倍數體化)나 돌연변이 또는 잡종 형성 등에 의해 동일한 지역에서 같은 종이 서로 다른 종으로 분화할 때는 동소적 종분화(同所的種分化)라 부른다. 이런 방식으로 갈라파고스 제도는 육지에서 멀리 떨어져 있어 독특한 환경에 적응한 수많은 생물들이 살고 있어 진화의 살아 있는 현장으로 주목받게 된 것이다.

우리나라에도 갈라파고스 제도처럼 고유종이 많은 독특한 생물상을 보이는 곳이 있는데 바로 제주도와 울릉도이다. 울릉도는 한반도 동해안에서 대략 130km 떨어져 있고 제주도는 한반도 남해안에서 약 80km 정도 떨어져 있으니 갈라파고스제도처럼 육지에서 아주 멀리 격리되어 있지는 않다. 따라서 육지 생물과의 유전적 교류가 제한적으로 일어날 가능성은 있지만 그러한 유전적 교류 가능성은 상당히 낮을 수밖에 없다. 또한 제주도는 겨울이 아주 따뜻하며 기후가 온화하고 강수량이 많으며 울릉도 역시 강수량이 많고 여름과 겨울의 기온 차가 육지보다 적으며 겨울에 특히 눈이 많이 오는 해양성기후 환경을 가지고 있다. 이 두 섬의 기후와 생태계가 육지와 다르긴 하지만 그 상이한 정도가 극심한 정도는 아니라고 볼 수도 있으므로 정말 색다르고 기이한 생물이 살고 있지는 않지만 그래도 나름대로 이들 섬에만 살고 있는 생물은 적지 않으며 독특한 생물 분포 양상을 보이므로 아주 중요한 자연 생태계의 보고라 할 수 있다.

섬은 육지와는 다른 생태학적인 특성을 가지는데, 가장 큰 특징은 특산종의 비율이 높다는 것이고 다음으로는 같은 면적의 육지에 비해 생물 종수가 적다는 것이다. 섬의 생물 종수는 대체로 섬의 면적에 비례하고 육지로부터의 거리에 반비례한다고 한다. 제주도에 자생하는 전체 관속식물 종수가 약 1,800종 정도인데 반해 울릉도는 700종 정도가 보고되어 있는데 이는 두 섬의 면적 차이와 밀접한 관계가 있다. 또한 섬에는 육식성 포유동물 등 특정한 부류의 생물이 없는 경우가 많다. 육식성 포유류는 먹이가 되는 초식동물이 풍부해야 살 수 있는데 좁은 면적의 섬에서는 이런 먹이 문제가 해결되기 어렵기 때문이다.

제주도의 경우 해발 고도 0에서부터 1,950m인 한라산이 있어 아열대에 가까운 기후부터 냉대기후에 적응한 생물이 살고 있어 생태계의 보고로 일컬어지는데, 특히 한라산은 해안에서부터 정상에 이르는 지역에 걸쳐 난대식물, 온대식물, 한대식물, 고산식물이 고도에 따라 수직분포를 보인다. 제주 특산식물로는 한라개승마, 한라돌쩌귀, 한라돌창포, 한라바늘꽃, 한라부추, 탐라산수국, 탐라풀, 탐라황기, 제주괭이눈, 솔비나무 등 헤아릴 수 없이 많다.

지금까지 밝혀진 한라산의 자생식물은 1,800여 종에 이르며, 동물 또한 대륙계, 일본계, 남방계 등이 어울려 서식한다. 한국의 멸종위기종 및 보호야생종의 약 1/2이 제주도에 분포할 정도로 제주도는 좁은 면적임에도 다양하고 희귀한 생물이 많이 서식하고 있는 것이다. 다른 지역에서는 서식하지 않고 오로지 제주도에만 서식하는 특산종은 40과 71속 60종 16변종 12품종에 달한다(제주도환경자원연구원, 2010). 좁은 면적의 제주도에 이처럼 다양한 생물이 살고 있는 것은 해발고도가 높은 한라산이 있어 수직분포에 의한 다양한 식물과 동물이 서식할 수 있는 것도 큰 이유가 되지만 특히 희귀종과 특산식물이 많은 것은 무엇보다 제주도가 육지와 격리되어 독자 진화한 다양한 생물종이 많기 때문이다. 식물은 상당한 연구로 웬만큼 밝혀졌다고 보지만 곤충 종은 아직 충분히 조사되지 못하여 앞으로 제대로 연구된다면 제주도 고유종이나 고유 아종은 크게 증가할 것으로 기대된다.

울릉도는 제주도보다 육지에서 더 멀리 떨어져 있지만 그 면적은 72.56㎢로 제주도의 25분의 1에 불과할 정도로 좁아 다양한 생물이 살기에는 너무 작은 섬이다. 그럼에도 불구하고 울릉도의 특산식물의 종수는 40여 종으로 종 기준으로 면적이 25배인 제주도의 70%에 달한다. 울릉도에 이처럼 많은 특산식물이 서식하는 것은 육지에서 보다 멀리 떨어진 것도 이유가 되지만 그것보다는 제주도가 약 15,000년 전까지 육지와 연결되어 있었던 대륙도서(continental island)인 데 반해 울릉도는 250만 년 전에 화산활동으로 생성된 이후 한 번도 육지와 연결된 적이 없는 고립된 섬이었기 때문이다. 울릉도의 생물들은 훨씬 오랜 기간 동안 대양상의 섬이라는 독특한 환경에서 독자적으로 진화하여 다양한 종류의 특산식물을 낳게 된 것이다.

울릉도는 매우 특이한 식물분포를 보이는 곳으로도 주목을 받는다. 울릉도에는 난대성 상록활엽수인 동백나무, 후박나무, 참식나무, 굴거리나무 등과 마가목, 섬백리향, 만병초, 섬잣나무 등 한대성 식물이 함께 자라고 있다. 제주도에도 아열대성 및 난대성 식물과 한대성 식물이 분포하지만 아열대성과 난대성 식물은 해안이나 저지대에 자라고 한대성 식물은 한라산의 고지대에서 자라며 서로 섞여 자라지는 않는다. 이에 반해 울릉도에서는 한대성 식물이 저지대에서 난대성 식물과 어우러져 잘 자라고 있는 특이한 식물상을 보이는 것이다. 난대성 식물은 겨울이 따뜻해야 자랄 수 있으며 한대성 식물은 여름이 시원해야 살 수 있는데 울릉도는 이런 기후 조건에 부합하는 것이다.

울릉도 식물상의 또 다른 특이점은 우리나라 본토에는 없고 일본에만 분포하는 종인 솔송나무, 너도밤나무, 섬잣나무, 섬조릿대 등이 자라고 있다는 점이다. 너도밤나무는 과거 빙하기에는 한반도에도 자라고 있었지만 그 후 멸종되었다. 한반도의 산지 숲은 신갈나무가 우점종이지만 울릉도는 신갈나무 숲을 대신하여 너도밤나무 숲이 우점하고 있으며 이는 해양성기후의 영향을 받는 대양도서라는 섬의 생태적 특성과 한반도와 일본의 중간에 위치하는 지리적 위치로 설명할 수 있다. 섬노루귀, 섬말나리, 우산고로쇠, 섬단풍, 울릉미역취, 왕호장근, 왕해국, 왕매발톱나무, 섬현호색 등의 울릉도 특산식물은 육지의 근연종 식물보다 키와 잎, 꽃 등이 큰 경향이 있는데 이는 강우량이 많은 울릉도의 해양성기후에 적응·진화했기 때문일 것이다.

울릉도에는 이전에 향나무가 무척 많았지만 남벌로 대부분 사라지고 지금은 사람의 접근이 어려운 낭떠러지 위에만 남았는데 그 중 통구미 향나무 자생지와 대풍감 향나무 자생지는 각기 천연기

념물로 지정하여 보호하고 있다. 울릉도처럼 격리된 섬의 생물들은 육지와 같은 생물종이라 할지라도 오랜 기간 격리된 유전자 풀에 있었으므로 유전적 차이를 보일 수 있으며 따라서 앞으로 육지의 종과 섬의 종을 유전적으로 비교 분석하여 진화의 역사를 밝히는 중요한 연구 자료가 될 수도 있어 학술적 가치가 매우 높다. 섬나무딸기는 울릉도 특산식물인데 울릉도에는 산토끼 등 초식 포유동물이 없으므로 이들로부터 방어할 필요성이 없어 가시와 털이 전혀 없는 특징을 가지고 있어 진화의 산 증거가 되고 있다.

한편 울릉도에는 쥐를 제외한 포유류와 양서류, 파충류가 원래 없었다. 현재는 참개구리와 토끼가 서식하고 있지만 이는 사람들이 장난삼아 또는 의도적으로 도입한 것으로 이런 외래 동물의 이입은 지역 생태계의 균형을 깨트리는 일이므로 절대로 삼가야 할 일이다.

울릉도는 독도와 함께 유네스코의 세계자연유산, 생물권 보전지역 및 세계지질공원으로의 지정이 검토되고 있을 정도로 지질학, 식물학 및 식생학적 가치가 큰 곳이다. 앞으로 이 중요한 자연 유산을 잘 보전하여야 할 것이다.

잡종형성에 의한 종 분화

••잡종이 잘 일어나는 식물과 그로 인한
새로운 종의 탄생

장미꽃은 아름답고 향기 또한 아주 좋아 거의 꽃의 대명사로 칭송받고 있는 꽃이라 할 수 있다. 아마 사람들에게 가장 인기 좋은 꽃으로 첫손 꼽히는 것도 장미가 아닐까 싶다. 장미는 또 다양한 색과 모양의 꽃을 피우는 수많은 품종이 있다는 것도 장미 애호가가 많은 이유가 될 것이다.

그런데 이렇게 많은 장미 품종은 원래부터 자연에 존재하던 것은 아니다. 장미는 많은 육종가가 장미속(Rosa)의 여러 종을 교배하여 작출해 낸 인공적인 원예종이다. 교배 육종된 종이라 하니 엄청난 기술이 있어야 하며 최근에 발달한 것으로 생각하기 쉽지만 장미의 재배 역사는 기원전 2,000년경의 바빌로니아 시대까지 거슬러

올라갈 정도로 오래되었다. 그 후 그리스와 로마 시대에 이미 꽃 중의 여왕으로 간주될 정도로 인기가 높았으며 귀족들 세계에서는 장미 재배와 감상이 이미 하나의 문화로 자리 잡게 되었다고 한다. 물론 고대부터 장미가 지금처럼 다양하게 육종된 품종은 아니었을 테고 처음에는 야생의 장미 원종을 재배했겠지만 곧 수많은 재배 품종이 탄생하게 되었다.

우리나라에도 장미의 원종이라 할 수 있는 장미속 식물이 다수 자생하고 있는데 해당화, 인가목, 생열귀나무, 흰인가목, 찔레나무 등이 여기에 해당한다. 세계 곳곳에는 각기 다양한 장미 원종이 있으며 이들 수많은 원종을 바탕으로 지금의 장미가 탄생하게 된 것이다.

지금까지 25,000가지 이상의 장미 품종이 개발되었으며 그중 현존하는 품종은 약 6~7,000종이며, 해마다 200종류 이상의 새 품종이 지속적으로 개발되고 있다고 한다. 크기도 7~8m 이상으로 자라는 덩굴성 장미에서부터 20cm밖에 자라지 않는 미니 장미까지 다양하다. 꽃 색 또한 선홍색에서 분홍, 황색, 백색, 복색계 등 헤아릴 수없이 다양하다.

그렇다면 장미는 어떻게 이렇게 다양한 품종이 존재할 수 있을까? 가장 큰 이유는 장미는 잡종이 잘 되기 때문이다. *Rosa*속의 수많은 종을 교잡하여 만들었는데 교잡된 이들 간에도 비교적 교배가 잘 되며 또 이런 교잡종과 야생종과의 교배도 잘 되는 편이므로 수많은 품종이 태어날 수 있는 것이다. 장미의 학명은 *Rosa hybrida*인데 '장미속의 잡종'이란 뜻이다. 장미를 재배하고 육종하는 기술은 그렇게 난이도가 높은 기술이 아니라 식물학적 지식을 어느 정도 가진 사람이라면 누구나 할 수 있다. 물론 아주 우수한 품종을 작출하는 데는 많은 노력을 기울여야 하며 쉬운 일이 아니겠지만 교배하여 잡종을 만드는 일 그 자체는 그리 어려운 일이 아닌 것은 이 속의 식물이 교잡이 비교적 잘 되기 때문이라고 할 수 있다.

장미속 식물이 아주 교잡이 잘 된다는 것은 필자도 이전에 직접 경험한 바 있다. 집에서 기르던 생열귀나무를 증식하기 위해 종자를 받아 심었더니 자라는 묘목의 형질이 이상했다. 어미인 생열귀나무보다 키가 훨씬 크게 자라고 성장이 왕성하면서 줄기의 가시도 가는 가시가 빽빽하게 나는 생열귀나무와는 전혀 딴판으로 찔레와 비슷한 굵고 큰 가시의 나무가 자라는 것이었다. 묘목의 모습이 한눈에 모주인 생열귀나무와 딴판이어서 우량한 꽃이 피는 새로운 생열귀나무가 탄생할까 잔뜩 기대하며 정성들여 길렀다.

3년쯤 길러 드디어 꽃이 피었는데 기대가 컸던 만큼이나 실망이 컸다. 꽃은 작고 빈약하며 꽃 색도 홍색 꽃이 피는 생열귀나무보다 영 못한 흰색에 가까운 연분홍의 볼품없는 꽃이 피는 것이었다. 한 포기만 그런 게 아니고 당시 종자로 키웠던 대부분의 포기가 이런 형질을 가져 황당하면서 실망했던 게 벌써 20여 년 전 일이다. 아마 종자를 다른 사람에게서 얻어 심었다면 도저히 믿지 못했겠지만 본인이 자택 정원에서 직접 종자를 받아 심어 가꾸었으니 착오가 있을 리도 없는 일이었다. 당시 정원에 장미는 기르지 않고 있었고 생열귀나무 외에는 장미속의 다른 종도 없었으므로 이 볼품없는 생열귀나무 아닌 잡종 생열귀나무는 아마도 야생 찔레와 자연교잡이 된 것으로 추정할 수밖에 없었다. 물론 교잡을 매개한 중매쟁이는 꿀벌이나 아니면 다른 야생벌이었을 것이다.

장미만 그런 것이 아니다. 가을꽃으로 인기 좋은 국화를 생각해 보자. 국화는 화훼원예 식물 중 장미 다음으로 그 품종 수가 많은 종으로 헤아릴 수 없이 많은 품종이 개발되었고 지금도 계속 새로운 품종이 개발되고 있다. 국화의 원종에 대해서는 의견이 분분하지만 대체로 구절초와 감국 같은 야생 들국화의 교배에서 태어난 것으로 보고 있다. 현재 우리나라에 등록된 국화의 품종 수만 해도 700품종 이상이며 매년 그 수가 증가하고 있는 실정이다. 국화 역시 교배와 잡종화에 의해 지금과 같은 수많은 품종이 개발되었다고 할 수 있는 것이다.

고급 원예식물인 카틀레야(*Cattleya*)도 마찬가지다. 카틀레야는 중남미 원산의 난초과 식물의 속명(屬名)으로 잎도 아름다운 데다 꽃이 크고 화려하며 향기가 좋아 고급 화훼로 꼽히는 양란 종류 중에서도 최고급으로 여겨져 왔다. 근년에는 조직배양에 의한 번식과 재배가 보편화되어 가격이 크게 떨어졌지만 여전히 비싼 고급 원예식물인 것은 변함이 없다. 그런데 이 카틀레야는 원종만도 백수십 종이 넘는데 이들 원종이 자연에서 교잡된 잡종도 100여 종이 기록될 정도로 교잡이 잘 되는 것으로 알려져 있다. 이렇게 교잡이 잘 되니 난 애호가나 육종가는 이들 카틀레야의 원종과 잡종을 다양하게 교배하여 수많은 품종을 만들어 내게 된 것이다. 그런데 놀라운 것은 카틀레야의 교배는 같은 속 안의 종간교배(種間交配)만 가능한 게 아니고 다른 속과의 속간교배(屬間交配)도 가능하다는 것이다. 카틀레야와 많이 교배되는 속으로는 레리아(*Laelia*), 브라사볼라(*Brassavola*), 에피덴드럼(*Epidendrum*) 등으로 예컨대 레리아와 카틀레야의 교배로 생겨난 것은 레리오카틀레야(*Laeliocattleya*), 브라사볼라와의 교잡종은 브라소카틀레야(*Brassocattleya*)로 그리고 에피던드럼과의 교배종은 에피카틀레야(*Epicattleya*)로 부르기도 한다. 다른 속과 교배가 되는 것은 식물에서도 흔한 일은 아니지만 어쨌거나 속간교배가 된다는 사실은 식물에서 잡종 형성이 얼마나 잘 일어나는지를 보여주는 단적인 예라 하겠다.

난초과 식물 얘기가 나온 김에 야생란에 대한 필자의 경험을 이야기해 볼까 한다. 필자는 우리나라 자생 난초 중 새우난초 [동호인들은 정식 명칭인 새우난초라 부르기보다는 흔히 '새우란'이라 부른다.]의 원예적 가치에 주목하여 새로운 품종 개발과 개량에 힘을 쏟고 있다. 우리나라에 자생하는 새우난초 종류에는 몇 가지 종이 있는데 가장 대표적인 것이 새우난초와 금새우난초 및 한라새우난초이다. 필자는 새우난초와 금새우난초 및 한라새우난초를 서로 교배하여 형성된 잡종 종자를 무균배양으로 다량 증식에 성공했다.

난초 종류는 대개 종자가 극히 작아 마치 먼지 같은데 종자가 이처럼 작으므로 저장된 양분이 거의 없어 자생지와 같은 특정 환경이 아니면 발아와 성장이 되지 않는다. 따라서 인공적으로 종자를 발아시켜 기르려면 무균배양(영양배지를 만들어 무균 상태에서 식물을 배양하는 기술)을 하여야 한다. 종자에 저장된 양분이 거의 없으므로 종자가 발아하여 자라는 데 필요한 양분을 제공할 수 있는 인공배지를 만들어 파종하는 것인데 그러한 배지는 영양분이 풍부하여 세균이나 곰팡이가 증식하기 쉬우므로 이를 무균상태에서 관리하여 재배하는 방법이 무균배양인 것이다. 무균배지에 파종한 새우난초의 종자가 발아하는 데는 섭씨 25도의 인큐베이터에서 약 3~4개월이 소요된다. 발아 후 모종이 어느 정도 자라면 배지의 양분이 고갈되므로 다시 새로운 무균배지에 2~3차례 더 옮겨 심어 배양한다. 이런 배양 과정에는 7~10개월 정도가 소요되며 그 후 모종을 작은 포트에 옮겨 심어 기르면 된다. 난초 종류는 대개 성장이 매우 느리므로 이렇게 무균파종 하여 길러도 꽃을 보려면 4~5년이 걸리게 되니 적지 않은 인내심이 요구되는 과정이라 하겠다.

갖은 노력 끝에 길러 낸 새우난초 잡종 개체에서 핀 꽃을 보자 놀라웠다. 이전에 볼 수 없었던 다양한 색의 꽃을 피우는 새로운 품종이 수없이 얻어진 것이다. 제주도 숲속에 희귀하게 자생하는 아름다운 꽃 색의 한라새우란 외에도 금새우란과 거의 구별이 되지 않는 잡종 금새우란도 탄생하는 등 기대 이상으로 다양한 품종을 얻을 수 있었다. 이 잡종 1세대의 개체들은 꽃 색만 다양한 게 아니었다. 꽃대의 크기도 큰 것과 중간, 아주 작은 것까지 매우 다양했고 여러 형질을 고려하면 십여 가지 품종으로 나눌 수 있었던 것이다. 결과에 놀란 필자는 다시 잡종 1대를 자가 교배하여 잡종 2대도 생산해 봤는데 잡종 1대를 자가 교배하여도 종자형성이 잘 된다는 것을 확인할 수 있었고 잡종 2대도 1대와 큰 형질 차이가 없음을 확인할 수 있었다.

5월경 필자의 집 정원을 화려하게 수놓는 새우난초 종류의 다수는 이렇게 교배된 1대 및 2대 잡종이며 이들은 잡종임에도 불구하고 임성을 가져 씨앗을 잘 맺고 있다. 물론 난초는 씨앗으로 번식하는 것이 무척 어려워 품종개발이나 실험 목적 외에는 분주로 번식하지만 F1뿐만 아니라 F2도 임성을 가져 씨앗을 무균배양으로 발아시키고 기르는 데는 아무 문제가 없음이 확인된 것이다.

식물이 이처럼 잡종이 잘 된다는 것은 자연에서 교잡에 의해 새로운 종이 형성되기 쉽다는 반증이기도 하다. 또 종간교배를 이용하여 과수, 화훼, 채소 등의 품종 개량에도 이용할 수 있음을 의미하며 실제 이전부터 육종에 많이 이용되어 왔다.

현재 우리가 재배하고 있는 농작물 중 다수가 재배 중에 또는 자연에서 이미 잡종화된 배수체로 확인되었다. 예컨대 면화는 아시아에서 재배되던 면화와 아메리카 대륙의 면화가 잡종화된 4배체 식물이다.

쌀, 옥수수와 함께 인류의 3대 식량작물 중 하나인 밀의 경우 3종의 야생 밀이 교잡되어 그 유전자를 모두 가지게 된 6배체로 알려져 있다. 일반적인 생물은 염색체가 배수체로 존재하는데 밀은 그 3배나 많은 염색체 세트를 가지고 있는 것이다. 밀은 그렇다면 어떻게 6배체가 되었을까? 밀은 재배하는 식량 작물 중 그 재배 역사가 가장 오래된 것 중 하나로 10,000년 내지 15,000년 전부터 재배한 것으로 보고 있다. 오랜 기간 재배해 오면서 밀은 지속적으로 품종 개량이 되었는데, 과학자들은 세 종류의 야생 밀이 교배되어 지금의 밀이 된 것으로 보고 있다. 대개 두 종의 식물이 교배되면 잡종 2배체가 되는데 이 잡종 2배체는 감수분열 때 염색체가 서로 짝이 맞지 않아 불임인 경우가 많고 그러면 종자를 생산하지 못하게 된다. 그런데 이 잡종 식물이 내재복제(염색체는 복제되었는데 막상 세포분열은 정상적으로 일어나지 않아 하나의 세포에 복제된 염색체가 모두 들어가는 현상)란 과정으로 염색체가 4배체로 되면 감수분열 때 염색체가 짝을 짓는데 아무런 문제가 없으므로 잡종이지만 종자를 생산할 수 있게 된다. 이런 방식으로 약 7,000년~9,000년 전에 두 종류의 야생밀이 자연교잡 되어 잡종 4배체 밀인 엠머밀(emmer wheat, *Triticum dicoccoides*)이 탄생되었다. 이 잡종 엠머밀은 재배 중에 잡종된 것이 아니고 야생에서 저절로 된 것으로 보고 있다. 이 야생 엠머밀은 또 다른 야생 밀인 *Triticum tauschii*와 교배되어 결국 6배체인 현재의 밀(*Triticum aestivum* 및 *Triticumspelta*)을 낳게 된 것이다.

잡종화에 의한 품종 개량은 곡물에 국한되는 것이 아니고 다양한 작물에서 그 예를 볼 수 있다. 과수 중에서도 그런 예는 많은데, 자두와 복숭아를 교배하여 만든 천도복숭아는 이미 많이 재배되고 또 과일도 많이 출하되고 있다. 살구와 자두가 함께 자라는 지역에서는 이 두 종의 중간 성질을 가진 과일나무인 플럼코트(plumcot)가 함께 자라는 경우가 있는데 이는 이 두 종의 자연교잡에 의해 탄생한 잡종 과일나무이다. 자두와 살구는 인공교잡으로 잡종 과일나무를 육종하기도 했는데, 요즘 우리나라에서도 보급되고 있는 플루오트(pluot)는 자두 유전자 75%에 살구 유전자 25%인 잡종으로 자두의 형질이 보다 강하지만 애프리움(aprium)은 자두 유전자 25%에 살구 유전자는 75%로 살구에 더 가깝다. 이들 플루오트와 애프리움 또한 수많은 품종이 개발되어 세계 각지에서 재배되고 있다.

자두와 살구뿐 아니라 매실과 살구 및 매실과 자두의 잡종에 의한 새로운 품종도 다수 개발되어 재배되고 있다. 이런 예는 식물에서 잡종이 얼마나 잘 되는지 보여 주는 극히 적은 예에 불과하며 이종 간에 일어나는 잡종화와 그 후의 염색체의 배수체화에 의해 임성이 생겨 새로운 종으로 분화하는 경우도 적지 않다.

그렇다면 동물은 어떨까? 동물에서 이종 간 교배는 자연에서는 거의 일어나지 않는다. 동물은 서로 다른 종간에 교배를 회피하는 기작이 여럿 있어 교배 자체가 매우 어려운 것이다. 종에 따라서는 사람이 사육하면서 인공적으로 교배시킬 경우 교잡이 되기도 하지만 일반적으로 이런 인공적인 교잡도 쉽게 일어나는 편은 아니다. 거기다 종간잡종이 탄생한다고 해도 이 잡종 개체는 대부분 불임이어서 후대를 이어 가지 못하고 잡종 1대로 끝나게 된다. 예컨대 암말과 수탕나귀를 교배시키면 잡종인 노새가 태어나지만 이 노새는 불임으로 새끼를 낳을 수 없다. 또 암사자와 수호랑이를 교배시켜 태어난 타이곤이나 수사자와 암호랑이를 교배시켜 탄생한 라이거도 역시 불임이어서 새끼를 낳을 수 없다. 식물의 경우 다수의 잡종에서 후대를 생산할 수 있는 것과는 극명하게 다른 것이다. 물론 식물에서도 잡종 1대가 항상 임성을 가져 씨앗을 맺는 것은 아니지만 수많은 예에서 씨앗을 맺을 수 있으며 또 씨앗을 생산하지 못하더라도 무성번식으로 증식할 수 있는 경우가 많고 무성번식으로 대를 이어 가다가 염색체의 배수체화 등이 일어나서 씨앗을 맺게 되는 경우도 나올 수 있다. 결국 동물은 이종 간의 잡종화에 의해 새로운 동물의 탄생이 극히 어려워 불가능에 가깝지만 식물의 경우에는 이종 간의 교배에 의해 새로운 종의 탄생과 분화가 일어나기 쉬운 특징이 있는 것이다.

항생제 내성과 살충제 내성에 관한 오해와 진실

••내성은 과연 적응에 의해 일어날까?

모 TV의 질병과 건강에 관한 프로에서 유명한 내과 의사가 나와서 항생제 저항성 때문에 앞으로 인류가 감염성 질병의 퇴치에 큰 어려움을 겪을 수 있다고 이야기하는 것을 들은 적이 있다. 맞는 이야기다. 항생제가 개발되면서 대부분의 감염성 질병을 정복하여 인간의 수명이 획기적으로 늘어나게 되었는데 앞으로 이 항생제가 무용지물이 될지 모른다고 하니 생각만 해도 두려운 이야기이다.

현대의학은 여러 분야에서 획기적인 발전이 있었지만 그중에서도 사람의 평균 수명 연장에 가장 큰 기여를 한 것은 질병의 감염을 막아 주는 예방백신의 개발과 감염성질병에 걸린 사람의 치료와 외상 치료에 크게 공헌한 항생제를 들 수 있다. 우리는 대개 항생제가 감염성질병의 치료에 크게 기여한 것으로만 생각하기 쉽지만 외과수술의 치료와 회복에도 절대적인 역할을 했다. 큰 수술 뒤에는 수술부위 감염으로 결국 수술이 실패하는 경우가 많았는데 항생제가 이런 감염을 막아 주게 되어 외과의들은 감염 걱정 없이 수술에 임할 수 있게 되었으니 이 또한 사람의 수명 연장에 크게 기여하게 된 것이다.

항생제가 개발되기 전에는 전쟁터에서 치명적인 부상으로 죽는 군인보다 부상 후의 감염과 그 후유증으로 죽는 군인이 더 많았다는 사실이 외상치료에 항생제가 얼마나 큰 역할을 하는지를 보여주는 것이다. 요즘 같으면 항생제 사용으로 쉽게 치료될 부상도 감염으로 결국 죽음에 이르게 되었던 것이다.

그런데 이 의사 선생님이 항생제 내성이 증가하게 되는 원인을 설명하는 것을 보고는 뜨악할 수밖에 없었다. "항생제 내성은 항생제를 사용할 때 그 양이 충분치 못하여 죽지 않은 병원균들이 항생제에 노출되기를 반복하게 되면 결국 항생제에 대해 저항성을 길러 차후 항생제를 사용했을 때 더 강한 저항성을 가지게 된다"라는 논리로 설명하는 것이었다. 정말 항생제에 조금씩 노출된 병원균이 저항성을 길러 항생제를 이겨 내게 되는 것일까?

이런 설명은 얼핏 매우 그럴 듯해 보인다. 조금씩 유해한 환경에 노출되면 그 유해한 환경에 살아남기 위해 그 생물은 진화하여 결국 그 유해한 환경을 이겨 내게 된다는 이런 논리는 매우 그럴

듯해 보이지만 과학적으로 그렇지 않다는 것이 이미 명백히 입증되었다. 그런데도 언론에 노출되는 유명 인사들까지 그 사실을 잘못 알고 잘못된 지식을 퍼뜨리고 있는 경우를 자주 볼 수 있다.

1940년대 말까지는 과학자들에게도 항생제에 의해 세균의 저항성이 유도된다는 생각이 일반적이었다. 그러나 그런 유도에 의한 저항성 증가는 일어나지 않는다는 것이 여러 학자들의 실험으로 명백히 밝혀지게 되었다.

그렇다면 어떻게 하여 병원균이 항생제 저항성을 가지게 되는 것일까? 이에 관한 저명한 실험 2가지가 있다. 그 하나는 루리아와 델브뤽의 실험(Luria, S. E.; Delbrück, M., 1943)이고 또 다른 하나는 레더버그 부부의 실험(Lederberg, J and Lederberg, EM, 1952)이다.

먼저 루리아와 델브뤽이 증명한 실험을 살펴보자. 이들은 0.2ml씩의 배양액을 가진 독립된 배양기 20개와 10ml의 배양액을 가진 배양기 하나에 똑같은 조건이 되도록 10^3cells/ml씩 접종하여 각기 10^8cells/ml의 밀도가 될 때까지 배양했다. 그 후 독립된 소액 배양기 각각과 대용량 배양기에서 0.2ml씩 분주한 10개의 샘플을 고농도의 T1 파지를 함유하는 평판배지에 도말하여 24시간 배양하여 T1파지에 대해 저항성인 균주의 수를 조사했다. 그 결과 소액 배양기에서 배양한 샘플에서는 T1에 대한 저항성 균주의 수가 최소 0에서 최대 107까지 매우 다양하게 나타났다. 반면 대용량 배양기에서 배양한 후 분주한 샘플 10개에서는 최소 14에서 최대 26으로 나타나 그 변이 폭이 소액 배양기에 비해 매우 낮게 나타났다. 이에 대해 루리아 등은 T1에 대한 저항성이 T1에 접촉한 후 유도되었다면 대용량 배양기와 소액 배양기에서 큰 편차가 나타나지 않았을 텐데 그렇지 않고 이처럼 큰 편차가 나타난 것은 이미 돌연변이 되어 있던 균주가 그러한 환경에 선택되었을 뿐이라고 결론을 내렸다. 이 실험 결과는 처음에 다수의 학자들이 그 의미를 파악하지 못해 반신반의했지만 결국 명쾌한 실험과 해석이라고 인정받게 되었다.

레더버그 부부의 연구를 보자. 이들은 변이에 관계없이 모든 세균 균주가 생존할 수 있는 배지인 비선택배지(T1-파지가 없는 배지) 1개와 T1-파지에 대한 내성(耐性) 돌연변이가 일어난 균주만 생존할 수 있는 동일한 조건의 선택배지(T1-파지가 있는 배지) 여러 개를 준비하여 똑같은 평판배지에서 배양된 균주를 멸균된 벨벳 천의 도장을 사용하여 접종한 후 배양했다. 그 결과 선택배지에서 살아남은 균주는 언제나 똑같은 위치의 동일한 균주였다. 이는 T1의 존재라는 특정 환경에 대해 세균이 적응하여 돌연변이를 일으킨 것이 아니고 T1과 접촉 전에 이미 돌연변이는 일어나 있었고 T1 존재라는 조건에 선택되었을 뿐이라는 것을 명백하게 보여 주는 실험이었다. 만약 적응하여 돌연변이가 유도되었다면 항상 같은 균주가 돌연변이 되진 않을 것이며 배지에 따라 서로 다른 균주가 기회적으로 선택되어 나타났을 것이기 때문이다. 이와 같은 결과는 이들보다 9년 전에 발표된 루리아와 델브뤽의 실험 결과와 일치하는 것이었다.

위 두 가지 저명한 실험은 모두 돌연변이는 환경에 유도되어 일어나는 것이 아니고 다만 기존에 일어난 돌연변이가 특정 환경에 의해 선택될 뿐이라는 것을 보여 준 실험이었다. 일반인들에겐 위의 실험 결과를 쉽게 이해하거나 그 결과가 주는 의미를 해석하는 것이 조금 어려울지도 모르겠다. 어쨌거나 이러한 실험 결과는 돌연변이는 적응에 의해 일어나는 것이 아니고 이미 일어난 돌연변이가 환경에 의해 선택된다는 것만은 정확히 알았으면 한다. 이런 내용을 잘 이해하지 못하는 독자 중에서는 환경에 의해 돌연변이가 유도되는 것이 아니고 선택될 뿐이라면 항생제를 사용하거나 말거나 항생제 내성 세균의 증가는 똑같게 나와야 하는 것이 아니냐는 의문을 가질지도 모르겠다. 그런 생각은 본질을 잘못 이해한 것으로 항생제를 자꾸 사용하다 보면 그런 환경에 살아남을 수 있는 항생제 내성 세균의 빈도가 지속적으로 높아지게 되므로 결국 나중에는 대부분의 세균이 항생제 내성을 가지게 된다고 생각하면 이해가 쉬울 것이다. 결국 항생제 사용을 줄여야 하는 것은 어떤 경우에나 마찬가지인 것이다.

살충제 사용과 저항성 해충 증가의 경우도 마찬가지다. 예를 들어 벼멸구 구제를 위해 살충제인 마라티온을 사용하게 되면 처음에 대부분의 벼멸구는 마라티온에 대해 감수성이므로 효과가 아주 좋아 벼멸구는 대부분 사라지게 된다. 그런데 그중 극히 소수의 벼멸구는 처음부터 벼멸구에 대해 저항성을 가진다고 할 때 처음엔 그 비율이 미미하므로 벼멸구는 모두 죽은 것처럼 보일 것이다. 그러나 지속적으로 마라티온을 사용하게 되면 감수성인 벼멸구는 죽지만 저항성인 벼멸구는 계속 살아남게 되어 저항성 개체수의 비율은 살충제를 사용함에 따라 기하급수적으로 증가하게 될 것이다. 결국 나중에는 대부분의 벼멸구는 저항성을 가져 마라티온은 그 효과가 현저하게 떨어지게 되는 것이다. 이를 얼핏 잘못 생각하면 살충제에 조금씩 노출된 벼멸구가 적응하여 저항성을 점차 길러 가는 것으로 생각할 수 있지만 그게 아니고 변이는 처음부터 존재했다는 것이다. 이런 개념을 '적응에 의한 돌연변이'와 반대되는 개념으로 '전 적응 돌연변이'라 한다. 다시 한 번 부연 설명하면 '적응에 의한 돌연변이'는 일어나지 않으므로 잘못된 생각이며 '전 적응 돌연변이'가 선택되는 것이다.

또 항생제에 대해 이런 생각을 하는 사람도 있다. 다른 사람은 함부로 항생제를 사용하지만 나는 웬만큼 아파도 항생제를 사용하지 않으니 나중에 내가 병에 걸리거나 해도 나는 항생제가 아주 잘 듣게 될 것이라는 생각을 하는 사람도 많은 것 같다. 그런데 이도 잘못된 생각이다. 나 자신이 한 번도 항생제를 사용한 적이 없더라도 단지 내게 감염된 병원균이 항생제에 대해 이미 저항성을 가진 병원균이냐 아니냐에 따라 항생제가 잘 들을 수도 듣지 않을 수도 있는 것이다. 따라서 항생제 저항성 병원균의 증가를 막기 위해서는 전 인류가 함께 항생제 남용을 막아야만 하는 것이다.

사람들은 항생제의 종류에 따라 세균의 저항성이 제각기 다르므로 새로운 항생제를 개발하면 될 것이라 생각하기도 한다. 물론 그게 가능하다면 아무 문제가 없다. 문제는 새로운 항생제를 개발하는 데는 엄청난 비용과 시간이 소요된다는 것이고 항생제 개발 속도보다 세균의 저항성 증가 속도가 더 빠르다는 데 문제의 심각성이 있다. 심지어는 한두 종류의 항생제가 아닌 여러 종류의 항생제에 대해 내성을 가지는 다제내성균도 증가하고 있는데 특히 여러 종류의 항생제에 대해 강한 저항성을 가진 세균을 슈퍼 내성균이라고 부르기도 한다. 치명적인 병원성을 가진 슈퍼 내성균이 확산된다면 다수의 항생제가 모두 무용지물이 되므로 치료가 무척 어려워질 것은 너무나 당연한 일일 것이다.

그런데 병원균은 어떻게 항생제 개발 속도보다 더 빠른 속도로 저항성을 증가하고 있으며 또 슈퍼 내성균도 지속적으로 증가하게 될까? 그 가장 큰 이유는 앞에서도 설명했다시피 항생제 사용 증가에 있지만 여기에는 세균의 독특한 유전자 전달 방식도 관계가 있다.

세균은 접합이라는 방식으로 한 세균이 다른 세균에게 유전자를 전달할 수가 있다. 진핵생물(세균을 제외한 모든 생물)에서는 생식으로만 유전자를 다른 개체에 전달하는 데 반해 세균은 서로 다른 개체들 간에 유전자를 복제하여 전달할 수 있는 것이다. 따라서 항생제를 접해 보지 않은 세균도 항생제 저항성 유전자를 접합에 의해 전달받을 수 있는 것이다. 세균 개체 간의 유전자 전달의 가장 일반적인 방식은 이런 접합이지만 그게 전부는 아니다. 죽은 세균의 토막 난 유전자도 살아 있는 세균에게 전달될 수 있는데 그런 전달 방식을 형질전환이라 한다. 또 바이러스가 세균에 침입했다 세균의 특정 유전자를 잘라 다른 세균에게 전달하는 형질도입에 의한 유전자의 전달도 가능하다. 따라서 이런 여러 방식에 의해 세균은 자기 자신의 유전자 조성을 바꿀 수 있어 환경 변화에 대해 보다 민감하게 반응할 수 있게 되는 것이다.

세균이 항생제에 대해 빨리 적응하고 저항성을 가지게 되는 또 다른 이유는 세균의 빠른 증식과도 관련이 있다. 아주 빨리 증식하여 짧은 시간 내에 여러 세대가 생산되므로 적응 속도도 그만큼 빨라지게 되는 것이다.

꽃 발생 과정의 돌연변이

• • 겹꽃, 기형 꽃, 꽃이 피지 않는 식물 이야기

아름다운 꽃을 보면 누구나 기분이 좋아진다. 좋아하는 정도에는 차이가 있겠지만 아마 꽃을 싫어하는 사람은 없을 것이다. 그래서 축하할 만한 일이 있는 사람에겐 흔히 꽃을 선물하곤 한다. 그리고 연인에게 프러포즈할 때도 가장 많이 사용하는 게 꽃다발이다. 사람의 환심을 사기에 꽃만큼 효과적인 게 없다는 증거라고 하겠다. 거기다 꽃을 선물하는 것은 비용도 그리 크게 들지 않으니 소위 말하는 가성비 최고의 선물이 된다.

이렇게 아름다운 꽃을 더욱 아름다운 품종으로 만들어 내려는 육종가들은 어떤 형질에 주목할까? 꽃의 크기, 꽃의 색, 꽃의 향기, 모양, 꽃의 수명 등이 꽃의 아름다움과 품질을 결정하는 요소일 것이다. 여기서 한 가지 빠진 게 있다. 꽃은 이왕이면 꽃잎이 한 겹으

무화차.

로 피는 홑꽃보다 여러 겹으로 피는 겹꽃이 보기 좋게 마련이다.

그런데 이런 겹꽃은 어떻게 탄생할까? 자연에서도 이따금 홑꽃에서 겹꽃으로 변이된 개체를 만날 수 있다. 이런 겹꽃으로 변하는 것은 꽃의 발생을 조절하는 유전자의 변이에 의한다는 것이 밝혀졌다. 애기장대란 식물을 대상으로 꽃의 발생 과정을 연구한 과학자들에 의해 꽃이 피는 데는 여러 가지 유전자가 관여함을 알게 되었다. 그런데 이들 발생을 조절하는 유전자에 돌연변이가 발생하고 그 유전자가 열성동형접합이 되면 유전자의 발현이 일어나지 않게 되어 꽃의 발생에 이상이 오게 되는 것이다. 예컨대 ag유전자는 수술과 암술 발생을 조절하는데 이 유전자가 열성동형접합이 되면 수술과 암술 대신 꽃잎으로 발생하게 되어 수술과 암술은 사라지고 대신 꽃잎이 많아져 겹꽃을 피우게 되는 것이다. 암술과 수술이 전혀 없는 천엽겹꽃은 바로 암술과 수술이 될 부분이 꽃잎으로 변했기 때문이며 따라서 이런 꽃은 암술과 수술이 없으므로 씨앗을 맺지 못하게 된다. 씨앗을 맺지 못하는 식물은 유성생식을 할 수 없어 자연에서 도태되기도 하지만 때로는 무성번식으로 증식할 수 있으며 또 원예식물의 경우 관상 가치가 높으면 삽목이나 접목 등의 방법으로 번식할 수도 있으므로 씨앗을 맺지 않더라도 증식이 불가능한 것은 아니다.

수술과 암술만 변이될 수 있는 것은 아니다. 꽃잎의 발생을 조절하는 유전자인 ap2 유전자의 열성돌연변이 동형접합자는 꽃잎 발생이 되지 않고 암술과 수술만 있는 기형 꽃이 되고 만다.

앞에서 예를 들어 설명했지만 이렇듯 꽃의 발생에도 유전자가 관여하며 유전자의 이상에 따라 다양한 기형 꽃이 발생하게 된다. 우리가 좋아하는 겹꽃은 알고 보면 자연발생적으로 돌연변이가 일어나거나 아니면 육종학자가 인위적으로 돌연변이를 유도하여 꽃이 기형이 되어 씨앗을 맺을 수 없게 된 것이며 식물의 입장에서는 생존에 불리하지만 인간의 관점에서 보면 아름답고 신기한 꽃이 될 수 있는 것이다.

그렇다면 꽃의 발생을 조절하는 여러 유전자가 [위에서 든 ap2,

ag유전자 외에도 ap3, pi유전자 등이 꽃의 발생을 조절하는 것으로 알려져 있다.] 모두 열성동형접합으로 되면 어떻게 될까? 물론 이렇게 꽃의 발생에 관여하는 모든 유전자가 모두 열성동형접합이 될 가능성은 확률적으로 매우 낮다. 하지만 자연에는 수많은 식물 개체가 존재하므로 그런 낮은 확률의 식물도 존재할 수밖에 없다. 이처럼 꽃의 발생을 조절하는 유전자가 모두 열성동형접합이 되면 그 식물은 정상적인 꽃은 물론이고 기형 꽃도 피우지 못하며 아예 꽃을 피울 수 없는 개체가 되고 만다. 꽃은커녕 꽃봉오리조차 만들지 못하는 것이다. 그런 식물은 자라는 데는 아무 문제가 없어 계속하여 영양생장만 하며 꽃을 피우지 못하므로 당연히 종자도 맺지 못한다. 그러나 그런 개체가 있다고 하더라도 우리 눈에 발견되기는 쉽지가 않다. 우선 그 빈도가 매우 낮을 수밖에 없으므로 흔치않은 데다 대개 꽃이 피지 않는 것을 제외하고는 별다른 점이 발견되지 않을 경우 식별이 쉽지 않을 것이기 때문이다. 학자들이 관찰하고 있는 실험 대상 식물이라면 몰라도 자연 속의 식물은 누군가가 지속적으로 관찰하는 것이 아니므로 꽃이 피지 않더라도 그것이 돌연변이 동형접합의 결과로 그런지 일시적 현상으로 그해에 꽃이 피지 않은 것인지 사실상 알 수 없기 때문이다.

이전에 차나무를 재배하면서 잎이 일반 차나무보다 몇 배나 더 크고 또 잎에 약간의 주름이 있어 매우 아름다운 변이품을 발견하고 주목한 적이 있다. 수천 그루 중에서 몇 그루가 그런 형질을 보였는데 혹시 사배체가 생긴 게 아닌가 싶기도 할 정도로 특이한 개체였다. 어쨌거나 이렇게 잎이 큰 차나무가 꽃도 크게 핀다면 정말 원예적으로 대단히 가치 있는 품종이 되겠다 싶어 지속적으로 관찰하면서 꽃을 기다렸으나 일반 차나무는 종자를 심어 3~4년생이면 꽃이 피는데 십 년이 지나도 모두 꽃이 피지 않는 것이었다. 결국 그 차나무는 꽃의 발생에 관여하는 모든 유전자가 모두 돌연변이 동형접합이 되어 꽃을 피울 수 없게 된 개체란 것을 확인할 수 있었다. 이렇게 돌연변이에 의해 마치 동물의 불임개체처럼 꽃이 피지 않는 불임의 식물도 생겨날 수 있는 것이다.

꽃이 피지 않는 이 무화차는 꽃은 피우지 못하지만 살아가는 데는 아무 문제가 없으며 잎만 해도 관상 가치가 뚜렷하여 지금도 필자의 집 정원 한 자리를 차지하고 건강하게 자라고 있다.

상처에서 피가 멎지 않는 치명적인 유전병, 혈우병

• • 제정 러시아를 멸망케 한 혈우병 유전자

유럽 왕가에 혈우병이 나타난 것은 19세기에서 20세기에 걸친 시기였다. 유럽 왕실에서 혈우병 유전자를 맨 처음 가진 사람은 영국의 빅토리아 여왕이었다. 여왕 자신은 보인자로 아무런 증상이 없었지만 여왕의 아들인 레오폴드(Leopold)는 유럽 왕실에서 가장 먼저 혈우병에 걸린 희생자였다. 빅토리아 여왕의 다섯 딸 중 두 딸, 앨리스(Alice) 와 베아트리체(Beatrice)는 보인자로 자신들은 정상이었으나 후손이 이 돌연변이 유전자를 스페인, 독일, 제정 러시아 등 유럽 대륙의 여러 왕가로 전달하게 되었다. 왕정 시대의 유럽 여러나라 왕실은 서로 혼인을 맺고 사돈 국가가 되기도 했는데 결국 이런 혼인 관계가 치명적인 유전병을 여러 나라 왕실에 퍼뜨리게 된 것이었다. 이런 연유로 혈우병은 한때 "왕실 병"이라 불리기도 했다.

영국 빅토리아 왕가에서 퍼진 이 혈우병은 많은 자료에서 A형 혈우병으로 설명하고 있지만 이는 A형 혈우병이 훨씬 흔하므로 추정에 의해 내려진 오해였고 후에 러시아 로마노프 왕실 유골을 분석한 결과 보다 희귀한 형인 B형 혈우병으로 밝혀졌다.

혈우병에는 A형, B형 및 C형이 있는데 A형과 B형은 성 연관 유전으로 X 염색체에 있는 유전자에 의해 유전되며 유전 방식이 똑같아서 유전양상만 보고는 서로 구별이 어렵다. A, B형 혈우병과 같은 성 연관 유전병은 여자에게서는 보기 어려우며 거의 남자에게서 나타나게 된다.

A형은 혈액 응고에 관여하는 응고인자-VIII(factor-VIII)이 결핍되어 나타나는데 남자아이 5,000~10,000명에 1명꼴로 나타나며 가장 빈도가 높은 혈우병이다.

B형은 응고인자-IX(factor-IX)이 결핍되어 나타나며 A형보다 희귀하여 남아 40,000명에 1명꼴로 나타난다. 1952년 영국 의료진에 의해 크리스마스(Stephen Christmas, 1947~1993)란 남자 아이에게서 처음 확인되어 이 아이의 이름을 딴 '크리스마스병'으로도 불려 왔다.

이 병이 처음 확인된 크리스마스는 이 후 캐나다로 이주하여 살았다. 그는 혈우병 때문에 정기적으로 혈장 수혈을 받았는데 그 과정에서 AIDS 바이러스에 감염된 혈장 수혈로 AIDS에 걸려 사망했다. 에이즈가 처음 세상에 알려진 초기에는 이 바이러스에 감염된 혈액을 검사할 수 있는 기술이 확립되지 않아 정기적인 수혈을 받아야 하는 혈우병 환자는 에이즈에 매우 걸리기 쉬워 일어난 안타까운 희생이었던 것이다.

A형, B형과 달리 C형 혈우병은 상염색체(성염색체인 X와 Y를 제외한 나머지 모든 염색체)인 4번 염색체에 있는 유전자의 이상으로 나타나므로 남녀 구별 없이 나타나며 A형, B형에 비하면 훨씬 가벼운 증상을 보인다. C형은 응고인자-XI(factor-XI)이 결핍되며 A형, B형보다 훨씬 드물어 성인 10만 명당 1명꼴로 나타나는데 이는 A형 혈우병 환자 출현 빈도의 10분의 1 수준이다. C형 혈우병은 열성유전병으로 알려져 있지만 실제로 이형접합자에서도 약하게 증상이 나타나며 동형접합자라고 하더라도 A형, B형에 비하면 증상이 가벼워 수술이나 상처 발생 등의 경우에는 출혈이 문제 될 수 있지만 일상적인 출혈이 일어나는 경우는 거의 없다. 혈우병 C는 특히 아시케나지 유대인(Ashkenazi Jews, 독일, 프랑스 등지에 살던 유대인)에게서 출현 빈도가 높은 것으로 알려져 있다. 특정 인종에서 특정 유전병의 빈도가 높은 것은 유전적 부동에 의한 것으로 특히 인구가 적은 집단이 동족끼리 혼인을 계속할 때 열성동형접합이 될 가능성이 높아지므로 유전병의 빈도가 높아질 수 있는데 유대인들의 동족 간 혼인이 이러한 높은 빈도를 나타내게 되었을 것이다.

A형과 B형 혈우병의 유전 방식에 대해 좀 더 구체적으로 알아보자. 이 둘은 모두 성염색체인 X 염색체에 있는 유전자에 의해 유

전되며 열성유전병이다. 열성유전병은 두 상동염색체가 모두 돌연변이 유전자를 가질 때만 나타나는 유전병이다. 그런데 이런 돌연변이 유전자의 빈도는 야생형 정상 유전자의 빈도보다 훨씬 낮으므로 여성의 경우 두 X 염색체가 모두 돌연변이 된 유전자를 가질 확률은 극히 희박하므로 X 염색체에 있는 열성유전병의 경우 여성은 이 유전병에 걸릴 확률이 극도로 낮아지고 거의 남성에게서만 나타나게 된다. 왜냐하면 남성은 X 염색체가 하나밖에 없으므로 그 염색체에 있는 유전자 하나만 돌연변이 되면 바로 유전병에 걸리기 때문이다. 예컨대 비교적 흔한 유전병인 적록색맹도 X 염색체에 있는 유전자에 의해 유전되는데 남성의 약 5%에서 나타난다. 반면 여성의 경우에는 두 X 염색체에 모두 돌연변이 유전자를 가져야 하므로 그 빈도는 매우 낮아 0.0025%의 빈도에 불과하게 된다. 남성의 경우 100명당 5명이 적록색맹인데 반해 여성은 1,000명당 2.5명에 불과할 정도로 남성에서의 빈도가 압도적으로 높게 나타나게 되는 것이다.

이렇게 남녀 간에 적록색맹이나 혈우병 같은 유전병의 발현 빈도가 극단적으로 달라지는 이유는 남성은 X 염색체가 하나밖에 없어 하나의 유전자만 잘못되면 유전병이 나타나지만 여성의 경우 두 개의 X 염색체를 가지므로 둘 모두 돌연변이 유전자를 가질 때만 유전병이 나타나기 때문이다. X 염색체상에 있는 열성유전자에 의한 유전병은 이런 이유로 사실상 남성에게서 나타나게 되고 여성에겐 그야말로 보기 드문 희귀한 사례가 되는 것이다.

그러나 남성에게 나타나는 이 유전병은 역설적이게도 언제나 어머니로부터 물려받게 된다. 어머니는 돌연변이 유전자를 가졌을 때 자신은 유전병이 나타나지 않지만 그 유전자를 자식에게 전달하며 확률적으로 아들의 절반에게 이 유전병을 물려주게 된다. 반면에 딸의 절반은 어머니와 같은 보인자가 되지만 나머지 절반은 완전 정상이 되어 유전병 걱정에서 해방된다. 따라서 혈우병 유전자를 가진 여성은 아들보다는 딸을 낳는 것이 자녀의 혈우병 예방에 유리하게 된다. 한편 혈우병 남성의 딸은 아버지의 혈우병 유전자를 물려받아 보인자가 되지만 아들은 아버지의 X 염색체를 물려받지 않고 Y염색체를 물려받으므로 혈우병으로부터 해방된다. 따라서 혈우병 남성은 딸보다는 아들을 낳는 게 유리하다.

혈우병은 유전병이므로 대개 부모와 조부모 등 가계에서 유전자의 흐름을 파악할 수 있지만 전체 혈우병 환자의 30%는 가계도에 나타나지 않는다. 그 이유는 바로 윗대에서 새로 임의적 돌연변이가 일어났기 때문이다(NIH, 2013). 유전병이라고 하면 항상 부모에서 잘못된 유전자를 물려받아야 나타나는 줄로 알기 쉽지만 정상 유전자도 언제든 돌연변이 되어 유전병을 일으킬 수 있게 되는 것이다. 혈우병의 30%가 가계도에 나타나지 않는 것은 바로 이처럼 새로이 돌연변이가 형성되어 혈우병 유전자로 변했기 때문이다. 혈우병처럼 전체 이환자(罹患者)의 30%가 새로운 돌연변이에 의해 나타는 경우는 매우 높은 경우로 이 유전자가 그만큼 돌연변이를 일으키기 쉬운 취약한 유전자라는 것을 의미한다. 혈우병 유전자의 임의적 돌연변이는 부친의 나이가 많을수록 증가하는 경향을 보인다고 한다.

다시 영국 빅토리아 왕가의 혈우병 예를 더 알아보자. 빅토리아 왕가 최초의 혈우병 보인자로 추정되는 사람은 빅토리아 여왕으로 그녀의 조상에서는 혈우병이 나타난 적이 없었다. 따라서 최초 보인자를 빅토리아 여왕으로 보는 것이다. 빅토리아 여왕이 태어났을 때 그녀의 부친의 나이는 51세로 상당히 많은 편이었다. 앞에서 부친의 나이가 증가할 때 혈우병 돌연변이가 일어날 확률이 높아진다고 설명한 바 있는데 아마도 부친의 생식세포에서 혈우병 유전자가 돌연변이 되었고 이를 빅토리아 여왕이 전달받게 되었을 것이다.

빅토리아 여왕은 4남 5녀로 9명의 자녀를 두었는데 아들 넷 중에서 3명이 정상이었지만 8번째 자식이자 막내아들인 레오폴드는 혈우병을 가졌다. 어머니가 혈우병 유전자를 가질 때 아들은 50%의 확률로 혈우병이 나타나게 되는데 넷 중 1명이 혈우병에 걸렸으니 그나마 운이 좋은 편이라 하겠다. 딸 5명 중 둘은 정상이었으나 2명은 보인자로 자손에서 혈우병이 나타났다. 셋째 딸 헬렌은 아들 둘이 어릴 때 사망한 것으로 보아 혈우병보인자가 아니었나 의심되지만 정확한 기록이 남아 있지 않아 확실치 않다고 한다. 딸의 경우 확률적으로 절반이 보인자가 되고 절반은 완전 정상이 되니 딱 확률대로 분리된 셈이다.

둘째 딸 앨리스와 막내딸 베아트리체가 보인자였는데, 둘째 딸 앨리스의 손녀 알렉산드라는 후에 제정 러시아의 로마노프 왕가의 차르 니콜라스 2세와 혼인하여 러시아 왕실에 이 혈우병을 퍼뜨렸고 또 막내딸 베아트리체의 딸 에나는 스페인 왕가에 혈우병 유전자를 퍼뜨렸다.

러시아의 차르, 니콜라스 2세와 혼인한 알렉산드라는 내리 4명의 딸을 낳고 다섯 번째에 왕위를 계승할 아들을 낳았다. 당시 러시아는 남자에게만 왕위 계승을 허용했으므로 어렵게 얻은 아들에 대한 기대와 사랑이 어떠했겠는지는 불문가지(不問可知)이지만 불행하게도 왕위계승권자인 이 외동아들은 치명적인 유전병인 혈우병을 안고 태어났다. 왕자의 혈우병은 황실의 가장 큰 우환이었고 특히 황제를 좌지우지할 정도로 치맛자락이 넓었던 왕비에게는 장차 제국의 후계자가 될 아들의 안위만큼 중요한 관심사는 없었을 것이다. 그러나 황실이 동원할 수 있는 최고 수준의 의료진도 이 황태자의 병은 어떻게 치료할 수가 없었다. 저명한 의사들도 왕자의 병을 치료하지 못하자 왕후는 결국 미신과 영적인 힘에 의지하게 되었는데 이때 등장한 인물이 라스푸틴이었다.

라스푸틴은 원래 시베리아 출신의 러시아 정교 승려였다. 그는 기도 힘으로 왕자를 치료할 수 있다고 왕실에 접근하게 되었고 어쨌거나 라스푸틴의 기도 덕으로 황태자의 병이 호전되고 치료되고 있다고 믿게 된 왕비는 1905~1906년경부터 라스푸틴에게 의지하고 권력을 쥐어 주게 되었다. 그 와중에 라스푸틴이 황실의 절대적인 신임을 얻게 된 사건이 있었으니, 1912년 황실 가족들이 함께 휴가를 갔던 폴란드의 비알로비에차(Bialowieza)에서 아들 알렉시스가 불의의 부상을 입은 것이었다. 출혈이 계속 악화되어 거의 죽음 직전까지 몰렸고 회복이 어려울 것으로 예상되자 최후 성사(聖事)까지 하게 되었다. 왕후는 절망 속에서 마지막 수단으로 라스푸틴을 불렀다. 라스푸틴은 왕후에게 "하느님께서 왕후마마의 눈물을 보았고 기도를 들어 주셨습니다. 슬퍼하지 마십시오. 왕자님은 회복되실 것입니다. 의사들이 왕자님을 더 이상 괴롭히지 않도록 해 주십시오"라고 했다. 모두 반신반의했지만 이튿날이 되자 출혈이 멎었고 왕자는 점차 기력을 회복했다. 아마 심리적인 요인으로 호전되었겠지만 그 후 알렉산드라는 라스푸틴을 절대적으로 신임하게 되었으며 누구든 그를 험담하거나 비방하는 것을 용납하지 않게 되어 라스푸틴의 권세는 하늘을 찌르게 되었다.

라스푸틴은 정부 고위직의 인사를 독단하면서 국정을 농단했고 결국 왕실로부터 백성들의 민심 이반을 촉발하여 로마노프 왕가의 몰락을 재촉했다. 1915~1916년 사이 라스푸틴이 국정을 농단하고 있을 때 황제는 전쟁을 지휘하러 전선으로 멀리 나가 있었고 제국은 전쟁 수행과 국정 문란으로 피폐해진 백성들의 원성으로 가득하게 되었다. 마침내 수도는 시위대와 반란을 일으킨 군인들의 수중에 거의 넘어가게 되었다. 백성들은 왕비가 당시 러시아와 1차 세계대전의 교전 당사국인 독일계인 데다가 허영심이 강하여 반감을 품고 있던 터에, 라스푸틴과 불륜이 아닌지 관계를 의심하는 지경에까지 이를 정도로 왕실과는 멀어졌다. 물론 여기에는 왕비에게 휘둘리고 극도로 무능한 니콜라이 2세 자신의 자질도 한몫했음은 물론이다. 왕비와 라스푸틴의 '불륜 관계'를 조롱하는 벽보들이 여기저기에 나붙는 등 황제의 권위는 땅에 떨어졌고 결국 푸리슈케비치(V. M. Purishkevich)와 유수포프 공작(Prince Felix Yusupov)을 포함한 귀족과 정신(廷臣)들에 의해 1916년 12월에 라스푸틴은 살해되었다.

1917년 독일과의 전선은 교착 상태에 빠지고 유례없는 혹한까지 덮쳐 식량과 생필품까지 바닥이 나자 러시아 국민들의 고통과 분노는 절정에 달해 마침내 "독일 여자(왕후를 지칭) 물러가라", "차르는 퇴위하라" 등의 구호까지 등장하고 시위는 격화되었다. 그러나 600km 떨어진 전선의 황제는 사태 파악을 제대로 하지 못하여 수도로 돌아와서 사태를 수습할 기회를 놓치고 말았다. 결국 정국이 수습 불능 상태에 빠지자 황제는 퇴위를 발표하게 되었다.

권력을 잃은 황제와 가족은 1918년 4월에 예카테린부르크로 이송되었다. 1918년 7월 17일 잠자던 황제 일행은 한밤중에 지하실로 내려가도록 강요받았고 결국 그곳에서 총탄과 총검으로 살해당하고 말았다. 이로써 제정 러시아는 막을 내리고 임시정부 체제로 넘어갔으나 곧 이어 임시정부는 볼셰비키 혁명 세력에게 권력을 빼겨

러시아 혁명이 완성되었다.

제정러시아가 멸망하게 된 것은 당시 제1차 세계대전 등 나라 외적인 요인도 있었고 황제와 정부의 무능도 결정적인 이유가 되었지만 내정을 주무르고 국정을 농단했던 괴승 라스푸틴의 발호로 국정이 문란해지고 그 결과 백성의 마음이 왕실을 떠난 점도 크게 작용했다. 라스푸틴이 발호하게 된 이유는 바로 황태자 알렉시스의 혈우병 치료 때문이었으니 역사가들은 제정 러시아 몰락 이유 중 하나로 영국 왕실에서 전해진 혈우병 유전자를 꼽는 것이다.

비참한 최후를 맞은 니콜라이 2세와 가족의 유해는 장례식도 없이 어딘가에 매장된 후 잊혀져버렸다. 1979년 러시아의 고고학자인 아브도닌(Alexander Avdonin, 1932~)이 탐문 끝에 황실 가족의 유골이 묻힌 곳을 확인하여 발굴에 성공하게 되었다. 그러나 아브도닌은 당시의 통제적인 러시아 사회에서 이를 발설하지 못하고 그대로 다시 묻어 두게 되었고 10년 후인 1989년에야 이를 언론에 제보하게 되었다. 이후 1991년과 그 후 몇 차례에 걸쳐 공식적인 유골의 발굴과 조사가 이루어졌고 마침내 1998년 7월 17일 그들이 살해된 지 정확히 80주년이 되는 날 황제와 그 가족들의 유골은 상트페테르부르크에 있는 성 피터 앤 폴 성당에 매장되었다. 죽은 지 80년 만에 드디어 영면에 들게 되었으니 죽음 못지않게 사후도 힘들었던 셈이다. 그 후 2008년 4월 유전자 검사 결과 로마노프 왕가의 유골임이 명백히 확인되었고 2008년 10월에 러시아 최고법원은 니콜

라스 2세와 그의 가족들이 정치적 이유로 처형되었으며 따라서 명예가 회복되어야 한다고 판결했다.

혈우병은 이전엔 도저히 치료할 수 없는 병이었지만 지금은 혈장이나 응고인자를 정기적으로 투여함으로써 건강한 삶을 살 수 있게 되었다. 자신이 만들 수 없는 응고인자를 다른 사람의 혈액에서 추출한 제제를 수혈함으로써 정상적인 혈액 응고가 가능하게 된 것이다. 물론 이 응고인자 제제가 매우 값비싼 약품이라서 환자에게 엄청난 경제적 부담을 지우게 되므로 여전히 고통을 받고 있다고 보는 게 맞겠지만 그래도 치명적인 유전병의 짐은 벗은 셈이다.

그러나 혈우병 환자는 이처럼 정기적으로 혈액제제를 투여받아야 하므로 혈액을 통해 감염되는 여러 바이러스성 질환의 희생양이 되기도 한다. 1980년대에 에이즈가 처음 유행할 때 아직 혈액의 에이즈 감염 여부를 정확히 스크린 할 수 없었을 때에는 혈우병 환자가 에이즈에 감염된 혈액으로부터 만들어진 혈액제제를 수혈받고 에이즈에 감염되는 사례가 다수 발생하기도 했다. 당시 에이즈에 걸리기 쉬운 취약자 그룹으로는 남성 동성연애자 다음으로 혈우병 환자가 꼽혔었다.

지금은 제공되는 혈액의 에이즈 감염 여부를 정확하게 스크린 할 수 있으므로 혈우병 환자라고 하더라도 에이즈에 감염될 염려는 크게 하지 않아도 된다. 그러나 혈우병이 치명적인 병에서 살아가는 데 문제가 없는 병으로 바뀜에 따라 혈우병 유전자와 환자의 빈도가 더 높아지게 된 것은 아이러니라 하겠다. 앞으로 유전자 치료법이 보다 더 정교하게 발전되어 이들에게도 근본적인 유전자 치료로 병인을 깨끗이 치료할 날이 오기를 기대해 봐야겠다.

장수사회, 과연 인류에게 축복이기만 할까?

••평균 수명 연장과
출산율 저하로 인한 초고령 사회의 명암

2018년 9월 17일, 일본 총무성은 일본의 70세 이상 인구는 2618만 명으로 전년 대비 100만 명(0.8%)이 늘었고 비율로 따지면 전체 인구의 20.7%로 처음으로 20%를 넘어섰다고 발표했다. 일본인 5명 중 1명이 70세 이상 고령 인구라는 것이다. 65세 이상 고령자는 지난해보다 44만 명 늘어난 3557만 명을 기록했으며 비율로는 전체 인구의 28.1%를 차지했다.

평균 수명이 세계에서도 가장 긴 편에 속하는 일본은 초고령화가 심각하여 다른 어떤 나라보다도 고령자 비율이 높다. 일본 국립사회보장인구문제연구소 추산에 의하면 2040년께는 65세 이상 인구 비율이 35.3%에 달할 것으로 예상되어 3명 중 1명 이상이 고령자일 것으로 나타났다. 세계에서 제일가는 장수 국가로 부러움을 사는 일본이지만 이런 통계를 보면, '도대체 일은 누가 하여 저 많은 노인들을 부양하지?' 하는 걱정을 지울 수 없다.

이게 일본만의 문제일까? 인구의 고령화는 전 세계의 선진국이라면 대부분 겪고 있는 사회문제이기도 하다. 우리나라도 예외는 아니다. 우리나라는 2017년 11월 기준으로 65세 이상 인구가 14%로 고령 사회로 접어들었다. 통상 65세 이상 인구가 전체 인구의 7% 이상이면 고령화 사회, 14% 이상이면 고령 사회, 20% 이상이면 초고령 사회라 보는데 우리나라도 고령 사회로 접어든 것이다. 그런데 일본의 경우 고령화 사회에서 고령 사회로 넘어가는 데 24년이 걸렸는데 우리나라는 17년이 소요되어 고령화 속도는 일본보다 더 빠르게 일어나고 있다. 거기다 우리나라는 저 출산이 심각하여 2017년 기준으로 전년도보다 생산 가능 인구(15~64세 인구)는 116,000명이나 감소하여 문제가 더욱 심각한 편이다.

앞으로 수명은 지속적으로 늘어나겠지만 출산 아동의 수가 획기적으로 늘어나기를 기대하기는 어려운 실정이다. 따라서 초고령 사회로 가는 것은 너무나 확실한 미래의 일이고 얼마나 빨리 도래하느냐의 문제만 남아 있는 셈이다. 만약 수명이 획기적으로 증가하여 평균 수명이 100세 정도 되면 어떨지 한 번 생각해 보자. 평균 수명 100세는 공상 속의 사회나 꿈같은 얘기가 아니고 많은 학자들이 예견하고 있는 정도의 수명이다(X. Liu, 2015: Hughes and Hekimi, 2017).

아래 자료는 1961년 판 Encyclopedia Britannica에 실린 시대에 따른 인간의 평균 수명 및 기대수명으로 현재의 평균 수명과 비교하면 과거엔 사람의 수명이 얼마나 짧았는지를 보여 주고 있다.

시대에 따른 인간의 기대수명*

시대	출생 시 기대수명	특정 나이에서의 잔여 기대수명/기준
구석기 시대	33세	신석기 시대 및 청동기 시대를 기준으로 15세 때의 기대수명은 34세를 넘지 않음. 현재 수렵채취 생활을 하는 밀림 속 원주민의 자료를 기준으로 하면 15세 때의 기대수명은 39년으로 54세까지 사는 셈임. 신생아가 15세까지 살아남을 확률은 0.6임
신석기 시대	20~33세	신석기 시대 초기에 15세 때 기대수명은 28~33년(43~48세까지 생존)
청동기, 철기 시대	26세	초기 및 중기 청동기 시대 15세 때 기대수명은 28~36년
고대 그리스	25~28세	15세 때 기대수명은 37~41년
고대 로마	20~30	10세 아이 때 기대수명은 37.5년(47.5세까지 생존)
콜럼버스 도래 이전 북미 남부	25~30	
중세 이슬람 세계	35+	학자들의 평균 수명은 59~84.3세
중세후기 영국 귀족 사회	30	21세에서의 기대수명은 43년(총 64세)
근세 영국	30	18세기 남성 평균 수명 34세
Champlain** 이전	60	Samuel de Champlain은 캐나다의 대서양 연안 지역인 캐나다 해안마을 Mi'kmaq과 Huron 방문에서 100세 넘은 사람을 만난 기록을 남김.

시대	출생 시 기대수명	특정 나이에서의 잔여 기대수명/기준
18세기 프러시아	24.7	/남자 기준
18세기 프랑스	27.5~30	/남자 기준
18세기 청나라	39.6	/남자 기준
18세기 일본(에도)	41.1	/남자 기준
19세기 영국	40	
1900년 세계 평균	31	
1950년 세계 평균	48	
2014년 세계 평균	71.5	

*출생 시 기대수명은 유아 사망은 고려되지만 출산 전 사망아(유산 및 조산아)는 포함되지 않음.
**Samuel de Champlain(1574~1635), 프랑스의 탐험가, 지리학자

2014년 전 세계인의 평균 수명은 71.5세로 114년 전인 1900년도 인간의 평균 수명 31세에 비해 2배 이상 증가했고 64년 전인 1950년과 비교하더라도 23.5년이 증가하여 약 50%나 더 연장되었다. 만약 앞으로 50년 후에 평균 수명이 다시 50% 정도 연장된다면 평균 수명 100세 시대가 도래하는 것이다.

2018년 6월, 이탈리아 로마 라 사피엔차 대학의 엘리사베타 바르비 등은 이탈리아의 105세 이상 장수 노인 3,836명의 사망률을 2009년부터 2015년까지 7년 동안 추적 조사한 결과를 발표했다. 연구 결과 105세 이상 노인의 사망률은 80세 때부터 증가세가 둔화돼 105세 이후 멈추거나 오히려 줄어드는 것으로 나타났다. 이는

얼핏 나이가 많아질수록 사망률이 더 높아질 것이라는 기대와는 크게 다른 결과로 장수하는 데 어떤 한계가 없음을 보여 주는 결과로 매우 주목된다. 만약 그 결과가 맞고 일반화된다면 인간의 한계 수명에 관한 기존의 생각이 달라질 것이며 앞으로 장수 노인 수가 계속 늘어날 수 있다는 뜻으로, 그 결과 최고 수명도 크게 높아질 가능성이 큰 것으로 예측된다.

그렇다면 이렇게 사람의 평균 수명이 길어지는 것은 인류에게 엄청난 축복이 되겠는가? 무병장수는 인간의 오랜 소망이고 꿈이었으니 어쩌면 그만한 축복이 없겠다. 그러나 사람의 평균 수명이 늘어난다는 것은 그리 단순한 문제는 아니다. 동물은 자연에서 스스로 자기 몸을 지킬 수 없거나 또는 스스로 먹이를 구하지 못하면 바로 죽음을 맞게 된다. 대부분의 동물이 노화가 심하게 진행되면 다른 육식동물에게 잡아먹히거나 아니면 먹이를 구하지 못해 굶고 쇠약해져 결국 죽음에 이르게 되는 것이다. 인간은 고도로 발달된 사회생활을 하며 약자와 연로한 노인을 보살핌으로써 스스로 살아갈 수 없는 사람도 사회 구성원의 도움으로 살아갈 수 있다. 하지만 보살핌을 받아야 하는 사람의 수가 너무 많아진다면 보살펴야 할 사람의 부담은 엄청나게 커질 수밖에 없다. 앞으로 수명이 계속 길어지면 건강 나이도 상대적으로 증가하게 될 것이므로 70세에도 근로 능력을 가지게 될 수는 있겠지만 80세나 90세까지 근로 능력을 가지게 될지는 회의적이라 본다. 결국 노령인구 비율의 급격한 증가는 사회 구성원에게 엄청난 부담이 될 것이며 젊은이는 자기 자식 양육에 드는 비용보다 더 많은 비용을 노인 부양에 지출해야 할지도 모를 일이다.

여기서 부담한다는 말은 직접적 부담만을 뜻하는 것은 아니다. 사회나 국가가 노인을 부양하고 병원비 등을 부담하는 것은 결국 생산 인구의 조세 부담이나 건강보험료 부담 등으로 유지되는 것이다.

한 예로 노인의 진료비 지출 정도를 살펴보자. 건강보험심사평가원과 국민건강보험공단이 함께 발간한 '2017년 건강보험통계연보'에 의하면, 2017년 기준으로 우리나라 국민 전체가 사용한 건강보험 진료비는 69조3352억 원으로 전년도 대비 7.4% 증가했다. 이 가운데 65세 이상 고령인의 진료비는 28조3247억 원으로 전체 진료비의 40.9%를 차지했다. 전체 인구의 14%를 차지하는 65세 이상 고령인이 총 진료비의 40% 이상을 사용한 것이다. 전체 지출 진료비를 노인 1인당 진료비로 환산하면 426만 원에 달하여 연간 의료비가 400만 원을 훌쩍 넘어선 것이다. 이는 전체 건강보험 인구의 1인당 평균 진료비인 139만 원의 3배에 달하는 금액이다. 이와 같은 노인 진료비의 급격한 증가는 노인 인구가 늘고, 특히 80세 이상 초고령 노인이 증가하기 때문으로 분석되고 있다. 실제 노인 진료비 증가 속도는 노인 인구 증가 속도를 훨씬 앞서가는 것으로 나타났다. 65세 이상 인구수는 2010년 498만 명에서 2017년

681만 명으로 1.37배 증가한 데 비해, 고령 인구 진료비는 같은 기간 14조1350억 원에서 28조3247억 원으로 2배 증가한 것이다.

앞으로 노령 인구는 지속적으로 증가하게 될 것이며 수명도 계속 길어질 것이므로 노령 인구의 의료비와 사회 보장 비용은 시간이 갈수록 폭발적인 증가를 보일 수밖에 없을 것이다. 결국 젊은 근로자들은 수익의 상당 부분을 노인 복지를 위한 세 부담에 허덕이게 될 것이다. 물론 지속적으로 젊은 세대가 뒤를 받쳐 주면 좋겠지만 출산율이 획기적으로 늘어나지 않고 낮은 출산율이 지금처럼 지속적으로 유지된다면 [늘어날 가능성은 거의 없어 보이는 게 현 실정이다] 이런 미래는 불을 보듯 뻔하다.

앞에서도 이야기했지만 원래 모든 동물은 나이 들어 노쇠해지면 죽게 된다. 그런데 인간은 과학과 의학을 끝없이 발달시켜 자연의 섭리를 거스르는 수준에 도달한 것이다. 필자도 이미 현직에서 은퇴할 정도로 나이를 먹었지만 초 장수하는 사회가 어쩌면 이러지도 못하고 저러지도 못하는 난감한 사회가 되지 않을까 걱정되기도 하는 게 사실이다.

사람에게 가장 무서운 병 중 하나인 암은 대표적인 노화 병이다. 젊은 사람 심지어는 아이들에서도 암이 발생하긴 하지만 암에 걸리는 사람의 비율은 노인에게서 압도적으로 높다. 그 이유는 암이 세포의 유전자 돌연변이로 일어나는 것이며 이러한 유전자 돌연변이는 세포의 노화와 밀접하게 관련되어 있기 때문이다. 세포분열은 수많은 유전자에 의해 정밀하게 컨트롤되고 있는데 그 조절 과정이 고장 나서 무한 증식하게 된 것이 암세포이다. 이러한 유전자의 고장은 세포 노화와 직접적인 관련이 있는 것이다. 따라서 어떻게 보면 암은 동물이 일정 수준 이상으로 나이 들고 노화가 일어나면 후대를 위해 자신의 자리를 물려주고 흙으로 돌아가라는 자연의 섭리일 수도 있다. 암이란 게 자신의 세포가 돌연변이 되어 결국 스스로를 죽이는 병이기 때문에 이런 생각을 할 수도 있는 것이다. 너무 오래 살면 결국 남은 세대에 부담이 되니 적당히 살고 후세에게 자리를 물려주는 것이 그 종에게 유리하게 작용한다고 볼 수도 있지 않겠는가?

그런데 이 암마저 의술의 발달로 놀라운 속도로 정복해 가고 있다. 불과 20년 전만 해도 대부분의 암은 사형선고나 다름없는 것으로 간주되었다. 하지만 지금은 어떠한가? 수많은 암 종류가 대부분 완치될 수 있는 것으로 인식될 정도로 암 환자의 완치 비율이 높아졌으며 우리 주위에는 암에 걸렸으나 완치되어 건강한 생활을 하는 사람을 수없이 많이 볼 수 있게 되었다. 앞으로 암 치료 기술은 더욱 발전하게 될 것이고 암은 더 이상 무서운 병이 아닐지도 모른다. 암을 정복해 가는 것에 대해 잘못되었다고 할 사람은 아무도 없을 것이다. 그러나 어쨌거나 암도 정복하고 수많은 다른 질병도 정복하여 사람의 수명이 너무 길어질 경우에 그 부작용은 어쩌면 지금 우리가 걱정하는 이상으로 심각해질지도 모른다. 초고령 사회가 어느 정도까지 진행되고 인간의 평균 수명이 얼마큼 연장될지는 두고 보아야겠지만 초고령 사회에서 노인을 부양하고 보살피는 데 들어가는 엄청난 비용은 누가 감당해야 할지 등 인구의 초고령화로 인한 부작용 또한 엄청나리라 본다. 그런 사회는 인류가 수십만 년간 살아오면서 한 번도 겪어보지 못한 일이라 과연 이를 슬기롭게 극복할지 아니면 이전의 고려장이 다시 부활할지도 모를 일이다. 앞으로 우리 사회에 닥칠 초고령 사회의 부작용과 그 모습을 상상하며 두려워하는 것은 필자의 지나친 기우일까?

사람은 왜 이성의 냄새를 놓쳐 버렸을까?

••유일하게 인간에게만 볼 수 있는 후각 상실의 이유

사람의 오감을 이야기할 때 가장 예민한 감각은 흔히 후각이라고 한다. 식초병 마개만 열어도 단번에 아는 게 후각이다. 그러나 이렇게 예민한 것처럼 생각되는 사람의 후각은 다른 동물과 비교해 보면 형편없는 수준이다.

개의 경우 사람보다 후각 능력이 만 배 정도 더 뛰어나다고 한다. 만 배라고 표현하는 것이 적절한지는 여지가 있을지 몰라도 개의 후각 능력은 사람과는 비교 자체가 되지 않을 정도이다. 개가 사람과 비교할 수 없을 정도로 후각이 예민한 것은 냄새를 맡는 세포인 후각상피(嗅覺上皮)와 이를 처리하는 대뇌의 후각망울(후구; 嗅球, olfactory bulb)이 사람보다 훨씬 잘 발달되었기 때문이다.

콧구멍으로 들어온 공기 속의 냄새 분자는 후각상피에 접촉하게 된다. 후각상피는 쉽게 말해 후각을 감지하는 신경세포로 후각 능력을 결정하는 중요한 요소 중의 하나가 이 후각상피의 표면적이다. 사람의 후각상피 표면적은 3~4cm^2 정도지만 개는 품종에 따라 다르나 18~150cm^2에 이를 정도로 넓어 사람과 비교가 안 된다. 후각상피에서 수집한 후각 정보는 신경을 통해 대뇌의 후각망울로 전달되어 분석, 판단하게 되므로 후각망울의 크기 역시 후각 능력에 중요한 역할을 한다. 중소형 개인 비글의 경우 후각망울의 크기가 뇌 용적의 0.31%인 0.18cm^3정도인 데 반해 사람은 뇌 용적의 0.01%인 0.06cm^3에 불과하다. 후각 정보를 수용하는 후각상피와 이를 처리하는 후각망울 모두 사람보다 개에서 훨씬 발달되어 있으므로 개는 사람에 비해 월등한 후각 능력을 가지는 것이다.

그런데 이처럼 후각 능력이 뛰어난 개도 곰의 후각에 비하면 상대가 되지 않는다고 하니 어쨌거나 사람의 후각 능력은 동물 중 형편없는 편인 것만은 틀림이 없다. 그렇지만 우리는 후각이 부족해도 큰 불편을 느끼지 않고 사는데 후각 대신 시각이 아주 발달했고 무엇보다 머리가 좋아 그런 부족한 오감을 보완하고도 남기 때문이라 하겠다. 후각은 먹이를 구하고 천적 동물을 회피하는 데 있어서 가장 중요한 감각인데 사람은 다른 동물에게 잡아먹힐 위험도 없고 또 야생에서 먹이를 구할 일도 거의 없으니 후각이 예민하게 발달할 필요가 상대적으로 적어 다른 동물에 비해 후각의 발달이 미약한 쪽으로 진화했다고 볼 수 있을 것이다.

그런데 동물의 후각 능력에서 먹이를 찾거나 천적을 회피하는 것 못지않게 중요한 기능이 있으니 이성을 찾고 또 이성의 성적(性的) 상태를 파악하는 일이다. 대부분의 동물에서 암컷은 발정이 나면 수컷을 찾아 나서거나 화학물질인 페로몬을 발산한다든지 성적 상태를 알리는 화학물질을 오줌에 섞어 방출하거나 또는 특유한 몸의 구조적 변화를 보이는 등의 방법으로 수컷에게 자신의 존재와 상태를 알려 수컷을 유혹한다. 수컷 또한 부근의 암컷이 짝짓기 가능한 발정 상태인지 여부를 암컷의 오줌 냄새나 암컷의 체취로 정확히 알아낼 수 있다.

개를 길러 본 사람은 개의 발정 상태를 정확히 아는 수캐의 능력에 감탄해 본 적이 있을 것이다. 암캐가 발정이 나면 동네 수캐들이 모두 모여 들어 경쟁하는 모습을 흔히 볼 수 있다. 개뿐 아니다. 고양이나 소, 돼지, 각종 야생동물도 모두 마찬가지다. 동물의 경우 이성의 발정 여부를 파악하지 못한다는 것은 바로 자기 자신의 유전자를 다음 세대에 남기지 못한다는 것과 마찬가지다. 대부분의 동물은 암컷이 발정 상태가 되어야 짝짓기가 가능하고 또 짝짓기가 일어나야만 자신의 유전자를 다음 세대에 남길 수 있게 되기 때문이다.

그런데 사람은 고등동물 중 거의 유일하게 남성이 바로 옆에 있는 여성이라 할지라도 임신 가능성 여부 등의 성적인 상태에 대해 전혀 알 수 없는 깜깜이가 되었다. 우리는 이를 당연한 것으로 여기지만 다른 많은 동물의 경우를 보면 인간만 유독 그런 능력이 사라졌다는 것을 발견하게 된다.

동물에서는 이성의 성적 상태를 냄새로 정확하게 알 수 있지만 유독 인간만은 이 냄새를 놓쳐 버린 것이다. 남성이 여성의 성적 상태를 전혀 알지 못하는 것은 물론이고 여성 자신도 자신이 언제 성관계를 가져야 임신 가능한지 전혀 알지 못한다. 다만 성 주기에 관한 교육을 받은 사람은 생리현상이 있었던 날로부터 자신의 생리주기를 참고하여 계산에 의해 임신 가능 기간을 유추할 수 있지만 이는 어디까지나 학습에 의한 추정이지 본능에 의한 감지와는 거리가 아주 멀다.

한마디로 인간은 남녀 모두 그런 부분에서는 완전 퇴화하여 다른 하등동물보다 못한 상태가 된 것이다. 사실 생식과 관련된 본능은 잘 변하지 않는 본능이다. 왜 그러냐 하면 이 본능이 쇠퇴하면 바로 후대 생산에 절대적으로 불리하므로 그런 돌연변이를 가지는 개체는 거의 도태될 것이기 때문이다. 그럼에도 인간은 그런 본능을 상실하게 되었으니 참으로 예외적인 경우이며 또 어떤 면에선 이해되지 않는 쪽으로의 진화이다.

그러면 도대체 인간은 왜, 어떻게 생식과 관련된 그렇게 중요한 후각 기능을 상실하게 되었을까? 필자는 인간이 이렇게 이성의 성적 상태를 파악하지 못하는 쪽으로 퇴보하게 된 가장 큰 이유는 인간만의 독특한 사회생활과 또 일부일처제를 철저히 지키는 결혼생활 때문이라고 생각한다. 사회생활을 하는 동물은 인간 외에도 다수 있지만 인간의 사회생활은 다른 어떤 동물과도 비교할 수 없을 정도로 대규모적이고 광범위하다. 우리나라 인구의 절반이 수도권에 모여 살고 있듯이 사람의 사회생활은 어마어마한 대규모로 이루어지는 것이 특징이다.

출퇴근하는 지하철이나 버스 안을 생각해 보자. 만원 지하철이나 출근 버스에서처럼 서로 혈연관계가 아닌 이성 간에도 아주 좁은 공간에서 밀접하게 근접하여 생활하는 것이 인간의 일상이다. 이런 모습은 다른 동물에서는 거의 보기 드문 현상이다. 만약 지하철 안에 함께 타고 있는 젊은 여성의 성적 상태를 남성들이 정확히 알 수 있다면 어떻겠는가? 여성의 환심을 사려는 남성들의 각축으로 폭력과 소란이 빈발하며 노골적인 성희롱이나 성추행이 일상이 될지도 모를 일이다. 또 그런 상황이 싫은 여성의 회피로 지하철은 남성과 여성이 엄격하게 분리된 공간에 승차하거나 해야 할 것이다.

그런데 그렇게 분리된 공간에 승차하더라도 문제가 해결되지는 않는다. 길거리에서 지나다니는 이성의 성적 상태를 다 알 수 있게 될 테니 여성은 함부로 거리를 활보할 수도 어렵게 될 것이다. 아마 성추행이나 성폭행 같은 성범죄도 상상할 수 없을 정도로 많이 일어나지 않을까 싶다. 그런 상황이라면 일부일처제가 유지될 수 있을지도 의문이다. 그러니 이런 밀접한 사회생활을 하는 인간 사회에서 이성의 성적 상태를 모르게 된 것은 그야말로 인간에게 축복이 아닐 수 없다. 어떻게 보면 멍청해졌지만 그 덕분에 우리는 이성과 좁은 공간에서 같이 일하며 문제없이 함께 생활할 수 있게 된 것이다.

또 일부일처제의 결혼생활을 함으로써 이성의 상태를 모르더라도 아무런 걱정 없이 다음 세대를 생산할 수 있게 되었다고도 볼 수 있다. 만약 일부일처제가 아니라면 사람은 언제 수태가 될지 모르므로 남녀 관계를 맺는 데 매우 어려움을 겪겠지만 일부일처제의 결혼생활이 이런 문제를 해결해 주고 있다고 볼 수 있는 것이다.

결국 인간의 사회생활과 일부일처제라는 혼인제도 등이 복합적으로 작용하여 사람으로 하여금 점차 이성의 냄새를 모르게 되는 쪽으로 진화한 것이 아닌가 생각해 볼 수 있는 것이다. 이성의 냄새를 놓쳐 버린 인간의 예를 보면 생물의 어떤 능력이 향상될지 아니면 퇴화될지는 그런 능력의 필요에 의해 결정되며 결국 필요한 쪽으로 진화하게 된다는 것을 보여 준다고 하겠다.

장수를 막는 병, 암

••암의 종류별 원인과 실태 및 예방

암을 치료하는 의술이 날로 발전하여 이전과는 암에 대한 인식과 공포가 크게 달라지긴 했지만 암은 여전히 사람들이 가장 두려워하는 치명적인 병이다. 따라서 암에 대한 관심은 다른 어떤 질병에 관한 것보다 크며 암에 걸리지 않는 암 예방법은 건강 생활에서 빠지지 않는 단골 아이템이 되고 있다. '암에 좋은 식품', '항암 효과가 큰 토마토', '암 예방에 좋은 식품 베스트 10', '암을 예방하는 생활 습관' 등 암을 예방하거나 항암 작용이 있는 식품 및 건강 상식에 관한 관심은 폭발적이다. 이는 그만큼 암이 무서운 병이라는 반증과 또 암에 많이 걸린다는 뜻이기도 하다.

그렇다면 암이 어떻게 발생하는지 그 원인부터 살펴보자. 암은 개체를 구성하고 있는 세포 중에서 일부 세포가 변이되어 무한증식

과정에 들어서서 주위 조직으로 침윤하며 또 림프관이나 혈관을 따라 다른 조직이나 장기로 퍼져 나가 전이하는 성질을 가지게 된 것을 말한다. 정상세포는 세포분열이 필요에 따라 일어나도록 정교한 조절 하에 있는 데 반해 암세포는 세포분열이 통제되지 않아 계속 증식하게 된 것이다.

세포분열의 통제는 수많은 유전자에 의해 복잡하게 조절되는데 이 조절 유전자는 크게 두 부류로 나눌 수 있다. 첫째 부류는 원종양유전자라 불리는 것으로, 세포주기가 진행되게 하여 세포분열을 촉진하는 성질을 가졌다. 원종양유전자로는 세포주기를 촉진하는 cyclin D, cdk 4 및 성장인자 신호 전달과 관련 있는 EGFR, FGFR, Ras 유전자 등이 있다. 만약 이들 유전자가 어떤 연유로 과잉 발현되면 마치 가속기가 이상 가동되어 폭발적으로 달리게 된 자동차처럼 세포증식이 이상 증가하여 암세포화하게 된다.

두 번째 부류의 유전자는 세포분열 과정에서 문제가 생겼을 때 세포분열을 정지시켜 돌연변이나 암세포로의 전환을 막는 역할을 하는 것으로 통틀어 암 억제유전자라 부른다. 암 억제유전자 그룹으로는 가장 대표적인 p53 유전자를 위시하여 p21, RB, Bax 유전자 등이 있다. 이 중 p53 유전자는 DNA 손상이 일어났을 때 손상이 수리될 때까지 세포주기 진행을 억제하거나 또 여러 경로를 조절하여 손상을 수선하게 하거나 아니면 아예 손상이 심한 세포를 자살하게 하는 등의 과정을 촉진하여 돌연변이를 막는 데 가장 큰 역할을 한다. 만약 이런 암 억제유전자가 돌연변이 되어 기능을 상실한다면 어떻게 될까? 마치 브레이크가 고장 난 차량처럼 세포분열이 통제되지 않고 지속될 수 있어 역시 암세포로 전환될 수 있는 것이다.

그렇다면 어떤 요인들이 이러한 돌연변이를 일으켜 암세포로 전환되게 하는 것일까? 암세포로 전환케 하는 요인은 여러 가지가 있는데 크게 세포 내재적 요인, 물리적 요인, 화학적 요인, 바이러스 감염 등으로 나눌 수 있다.

세포 내재적 요인이라 함은 태어날 때 부모로부터 변이된 유전자를 물려받아 태어났기에 암세포가 되기 쉬운 요인이 존재할 수 있음을 말한다. 앞에서 설명했듯이 암은 유전자의 돌연변이로 일어나는데 대개 몇 개의 유전자 돌연변이가 중첩되어 암세포가 된다. 그런데 그러한 유전자 돌연변이를 태어날 때부터 가진다면 돌연변이가 적게 축적되어도 암이 발생하게 되므로 암이 발생할 가능성이 훨씬 높아지게 되는 것이다.

암을 일으키는 물리적 요인으로는 방사선, X선, 자외선 등을 들 수 있다. 이들은 모두 높은 수준의 에너지를 가져 DNA의 물리적 구조를 바꾸거나 DNA의 염기변화 또는 절단 등을 일으켜 돌연변이를 유발하고 나아가 암을 일으킬 수 있다.

다음 요인으로는 여러 종류의 화학물질을 들 수 있다. 합성화합물로는 다이옥신, 벤젠, 케폰(kepone, 유기염소화합물로 살충제의 원료로 사용되었으나 지금은 대부분의 나라에서 사용 금지됨), EDB(ethylene dibromide, 1,2-dibromoethane 이라고도 부름. 유기브롬화합물로 토양 살충제, 훈증제 등으로 사용함), 벤조피렌, 니트로사민, 포름알데히드, 비닐 클로라이드 등 수많은 종류의 화합물이 암을 유발하는 것으로 알려져 있다. 천연화합물도 암을 유발할 수 있는데 대표적인 것은 곰팡이의 일종인 아스퍼길러스 플라부스(*Aspergillus flavus*)가 곡물이나 땅콩 등에 감염되어 자랄 때 발생하는 독소인 아플라톡신이다. 따라서 곰팡이가 핀 곡물이나 땅콩 등은 극히 위험하므로 절대로 먹지 말아야 된다.

담배 연기에는 여러 종류의 발암성 화학물질이 있으며 특히 폐암 발병과 깊은 관련이 있다. 담배 연기 속에는 벤조피렌, 벤진, 니트로사민 같은 강력한 발암물질을 포함하고 있다.

일부 바이러스도 암을 유발할 수 있는데 대표적인 것으로는 B 형간염바이러스, 인유두종바이러스 등이다. 또한 간흡충(간디스토마) 같은 장내 기생충도 암을 일으킬 수 있다.

다음 표는 암을 유발하는 여러 물질들 중 대표적인 것을 정리해 본 것이다.

작업장에서의 발암물질과 주요 유발암

발암물질	주요 유발암	발생 장소, 작업 환경
비소 및 비소화합물	폐암 피부암 혈관육종(hemangiosarcoma)	·제련소 부산물 ·합금 ·전기 및 반도체 장비 ·치료용 약물(예, 수면병 치료약인 melarsoporol) ·제초제 ·살곰팡이제 ·일부 살충제 ·오염된 지하 대수층의 음용수
석면	·폐암 ·석면침착증 ·위장관 암 ·흉막중피종	·건축자재(루핑지, 바닥타일, 천장재 등) ·방염직물 ·자동차 브레이크 패드
벤젠	·백혈병 ·호지킨스 림프종	·차량연료 ·용제, 훈증제 ·인쇄용제 ·석판인쇄 ·페인트 ·고무 ·드라이클리닝 ·접착제 ·코팅제 ·세척제
베릴륨 및 베릴륨화합물	폐암	·미사일 연료 ·경량화 합금(우주선, 핵융합반응기 등)
카드뮴 및 카드뮴 화합물	전립선암	·형광체 ·납땜용 납 ·배터리 ·금속 도료 및 코팅제
내연기관 배기가스	·폐암 ·방광암	내연기관 배기가스

발암물질	주요 유발암	발생 장소, 작업 환경
산화에틸렌	·백혈병	·과일 및 견과류 숙성제 ·로켓 추진체 ·식품 및 직물의 훈증제 ·병원 기구 멸균제
니켈	·비암(鼻癌) ·폐암	·니켈도금 ·철화합물 도금 ·도자기 ·배터리 ·스테인리스 스틸 용접 부산물
라돈 및 라돈 붕괴 산물	폐암	·우라늄 붕괴 ·채석장 및 광산 ·지하식당 및 환기불량 장소
비닐 클로라이드	·혈관육종 ·간암	·냉각제 ·폴리비닐클로라이드 생산과정 ·플라스틱용 접착제
주야간 근무교대 (일주리듬 교란)	·유방암	
간접흡연	·폐암	
Radium-226, Radium-224, Plutonium-238, Plutonium-239 등 원자량이 큰 방사성 물질	·골암 ·간암	·핵연료 붕괴과정
가솔린		
납		
알킬화합물		
UV		
Styrene		
자외선, X-선 검사		

사람에게 잘 걸리는 주요 암

전 세계적으로 매년 1,300만 명의 암 환자가 발병하며 이 중 약 770만 명이 사망한다. 그중에서도 특히 폐암, 유방암, 대장암, 위암은 전 세계적으로 사람들이 가장 많이 걸리는 암으로 전체 암 발생의 41%를 차지하며 또한 암 사망 원인의 42%를 차지한다.

1. 폐암

폐암은 세계에서 가장 많이 발생하는 암으로 연간 160만 명이 걸려 전체 암 발생의 12.7%를 차지하며 사망자 또한 가장 많아 140만 명 사망으로 암 사망자의 18.2%를 차지한다(Ferlay et al., 2010).

폐암의 가장 큰 원인은 흡연으로 전체 폐암 발병자의 약 90%는 흡연으로 인한 것이다. 흡연 다음으로는 라돈가스, 대기오염 등이 원인이 된다. 담배 연기에는 5,300가지 이상의 화합물이 존재하는데 이중 가장 영향이 큰 발암물질로는 아크롤레인(acrolein), 포름알데히드(formaldehyde), 아크릴로니트릴(acrylonitrile), 1,3-부타디엔(1,3-butadiene), 카드미움, 아세트알데히드(acetaldehyde), 에틸렌옥사이드(ethylene oxide), 이소프렌(isoprene) 순이다.

2. 유방암

폐암에 이어 두 번째로 발병 빈도가 높은 암으로 140만 건 발생으로 전체 암의 10.9%를 점하며, 458,000명 사망으로 암 사망자의 6.1%를 차지하여 5번째로 사망자를 많이 내는 암이다(Ferlay et al., 2010).

유방암은 여성 호르몬인 에스트로겐의 농도가 높아지면 발병률이 증가하는 것으로 알려져 있다. 에스트로겐이 유방암 위험을 높이는 것은 다음 기작에 의한다.

① 에스트로겐이 대사되면 유전자의 변이를 일으킬 수 있는 돌연변이성 발암물질로 될 수 있다. 에스트로겐의 주성분은 에스트라디올인데 대사 결과 퀴논 유도물(quinone derivative)로 전환될 수 있으며 이는 DNA의 탈-퓨린화(DNA의 염기 중 퓨린 염기가 제거되는 현상)를 야기할 수 있다. 탈-퓨린 자리는 대개 수선되지만 수선되지 못하거나 잘못 수선된 상태로 복제되면 돌연변이를 일으키고 따라서 암 발생으로 이어질 수 있게 된다.

② 에스트로겐은 세포분열과 조직의 성장을 촉진한다.

③ DNA를 산화시켜 손상을 야기하는 활성산소를 분해시키는 2단계제독효소(phase II detoxification enzymes)를 억제함으로써 DNA 손상이 증가하게 된다(Ansell et al., 2004; Belous et al., 2007; Bolton JL, Thatcher GR, 2008).

그 외 유방암을 유발하는 요인으로는 비만, 운동 부족, 음주, 폐경기 때 호르몬 요법, 전리방사선, 이른 초경, 늦은 나이 출산 또는 출산력 없음, 노령, 유방암 발병 전력, 가족력, 다양한 종류의 화학물질 등이다(Reeder and Vogel , 2008; Yager and Davidson, 2006).

유방암은 유전적 소인도 중요한 요인이 될 수 있는데, 모친이

50세 이전에 유방암 진단을 받은 적이 있을 경우 딸은 유방암에 걸릴 위험성이 1.7배에 달하며 모친이 50세 이후에 유방암 진단을 받았을 경우엔 1.4배 높아지는 것으로 나타났다(Colditz et al., 2012). 이는 변이된 유전자를 부모로부터 물려받을 수 있어 나타나는 현상으로 전체 유방암 환자의 5~10%는 부모로부터 물려받은 변이 유전자로 인한 것으로 대개 BRCA1 과 BRCA2 유전자 변이가 원인이 된다. BRCA1과 BRCA2는 각기 17번과 13번 염색체의 장완에 위치하는 유전자로 이들 유전자 산물은 모두 DNA손상 수리 특히 DNA 2중나선 절단을 수선하는 데 중요한 역할을 수행한다.

BRCA 유전자 돌연변이를 가지는 사람은 일생 동안 유방암에 걸릴 위험이 60~85%에 달하며 또한 일생 동안 난소암에 걸릴 위험도 15~40%에 달할 정도로 높아진다. p53, BRCA1 및 BRCA2 유전자의 돌연변이는 DNA 오류를 수리하지 못하거나 세포주기의 점검점 기능에 손상을 주어 유전자 변이에 의한 암 발생을 일으키는데 이런 변이는 부모로부터 유전되기도 하고 출생 후 획득되기도 한다. 이렇게 부모로부터 변이된 유전자를 물려받아 유방암이 발병하는 경우 가족성 유방암이라 한다.

그러나 이를 자칫 오해하면 암이 유전되는 것으로 생각하기 쉬운데, 암 자체는 유전되는 것이 아니며 암에 걸리는 과정의 돌연변이가 유전된 것이니 암에 걸리기 쉬운 형질을 유전 받았다고 보는 것이 정확하다. 돌연변이 유전자를 물려받은 경우는 그렇지 않은 경우보다 유방암 발생 위험이 훨씬 높으므로 유방암 검진에 더욱 신경 써야 한다. 어머니와 딸, 또는 자매간에 유방암이 발병하는 경우 가족성 유방암일 가능성이 크다. 따라서 가족 중 유방암 발병자가 있을 경우 유방암에 대한 경각심을 더 가져야 한다.

경구피임약의 정기적인 복용이 유방암 위험을 높인다고 하지만 그 영향은 크지 않은 것으로 보고 있다(Casey et al., 2008). 미국과 영국의 경우 발병 후 5년 이상 생존자 비율은 85% 정도로 유방암은 치료가 잘 되는 편이다.

유방암 검진을 위한 유방조영촬영은 너무 자주 하는 것도 좋지 않으므로 대체로 40~70세 여성에서 2년에 한 번 촬영할 것을 권고하고 있다(Gøtzsche and Jørgensen, 2013; Siu, 2016).

3. 대장암(결장암)

결-직장암은 폐암, 유방암에 이어 세 번째 많이 발생하는 암으로 연간 120만 명이 발생하여 9.4%를 차지하며 사망자 기준으로는 60만 명의 사망자로 8.0%를 차지한다(Ferlay et al., 2010). 미국의 경우 대장암 발병의 20%는 흡연에 기인하며 소화기에서 자연 분비되는 담즙산염 또한 중요한 대장암 요인이 된다. 담즙산에 포함된 디옥시콜산(DCA, deoxycholic acid)과 리토콜산(LCA, lithocholic acid)이 DNA를 손상시키는 활성산소 및 활성질소 생성을 유도하여 결장 세포에 암을 발생시키는 것으로 보고 있다(Bernstein et al., 2009). 대변의 담즙산 농도가 높은 사람에서 결장암의 빈도가 높아지는 것도 이와 관련이 있는 것이다. 섭취하는 지방 및 포화지방의 양이 증가할수록 DCA와 LCA의 농도는 증가하게 되며 따라서 결장상피가 이들에게 더 많이 노출되어 암 발생을 증가시키게 된다. 따라서 대장암 예방을 위해서는 금연과 함께 채식 위주의 식단이 좋으며 육류 소비를 줄이는 것이 바람직하다.

결장암은 가족성 요인으로 발생하는 경우도 있는데 부모로부터 돌연변이 된 유전자를 물려받아 태어난 경우이므로 암 발생 위험이 훨씬 높아지게 된다.

4. 위암

위암은 전 세계에서 네 번째 많이 발생하는 암으로 매년 99만 명이 걸려 7.8%를 차지하며 사망자는 74만 명에 달하여 9.7%를 차지한다(Ferlay et al., 2010).

위암의 가장 큰 발병 요인은 헬리코박터 파이로리균(*Helicobacter pylori*)의 감염이다. 이 세균의 감염은 위장 상피에서 활성산소의 생성을 증가시켜 DNA 손상을 유도하는데 특히 염기 일부를 8-hydroxydeoxyguanosine으로 치환시키기 쉽다. 치환된 염기는 DNA 복제 때 오류를 일으키기 쉬워 돌연변이와 암을 유발하게 된다(Handa et al., 2011).

그 외 소금에 절인 음식이나 짠 음식이 위암 발병을 높이는 것으로 알려져 있으며 또한 베이컨, 소시지, 햄 같은 보존육이나 가공육도 위암 발병을 높인다. 반면 신선한 과일이나 채소는 위암 발병을 낮추는 것으로 알려져 있다.

5. 간암(Hepatocellular carcinoma)

간암은 전 세계적으로 보면 발병률이 높지 않은 암이지만 우리나라에서는 발병률이 매우 높은 암이며 특히 한국인 남성에서는 발병률 2위의 암이다. 이처럼 우리나라에서 간암 발병률이 높은 것은 B형간염이 만연되어 있기 때문으로 보고 있다.

간암을 일으키는 주요 요인으로는 B형과 C형 같은 만성 간염 바이러스 감염이다. 그 외에 알코올이나 아플라톡신 같은 독물에 노출되거나 혈색소증(hemochromatosis), 선천성 유전병인 알파 1-항트립신 결핍증(alpha 1-antitrypsin deficiency)이나 혈우병 같은 질병도 간암 발생을 증가시킨다. 아시아와 사하라 사막 이남의 아프리카 지역도 간암 발병률이 높은데 그 이유는 이 지역에서 B형간염의 감염률이 높기 때문이며 이들 지역에서는 출생 시 보균자인 어머니로부터 직접 감염되는 경우도 많다. 미국의 간암 환자는 대체로 C형간염으로 인한 경우가 많다. 만성 간염환자에서 간암이 발병하는 기작은 간염바이러스에 의한 간세포의 감염으로 면역체계가 활성화되어 염증을 일으킨 세포들이 반응성이 강한 활성산소와 활성질소를 방출하여 이들이 세포의 DNA를 손상시킬 수 있고 그 결과 발암 유전자의 변이가 일어날 수 있기 때문이다(Yang et al., 2014).

간암은 여성보다 남성에서 많이 나타나는데 그 정확한 이유는 밝혀져 있지 않다. 2형 당뇨환자의 간암 발병은 정상 혈당인 사람의 7배 수준으로 높은데 이는 혈액 내에 높은 수준으로 존재하는 인슐린에 의한 것으로 보고 있다(Hassan et al., 2010; Donadon, 2009).

6. 자궁경부암(cervical cancer)

2015년 기준으로 우리나라에서 상피내암을 제외한 자궁경부암 발생 건수는 3,582건으로 전체 암 발생의 1.7%였고 여성만을 통계로 했을 때는 일곱 번째로 발생 건수가 많은 암으로 나타났다. 연령대별로 보면 40대가 25.0%로 가장 많았고, 50대가 24.5%, 30대가 17.2%의 순으로 나타나 비교적 젊은 나이에 많이 발병하는 특징이 있다.

자궁경부암 발생과 관련이 있는 위험요인으로는 인유두종바이러스(Human Papilloma Virus, HPV) 감염을 들 수 있으며 감염자는 비감염자보다 자궁경부암 발생 위험이 10배 이상 증가하게 된다. 상피내종양의 90%는 이 바이러스에 의한 것으로 밝혀졌다. 지금까지 알려진 인유두종바이러스 종류는 대략 100여 종이며, 이들 중 HPV 16, HPV 18, HPV 32, HPV 33 등이 특히 고위험군 바이러스로 그중 HPV 16과 HPV 18은 자궁경부암 환자의 70%에서 발견된다. 따라서 자궁경부암 발생을 예방하기 위해 인유두종바이러스 예방백신을 접종하고 있으나 이의 효과와 부작용에 대해서는 약간의 논란이 있다. 또 다른 요인으로는 흡연을 들 수 있으며 흡연 여성은 비흡연 여성에 비해 자궁경부암 발생 및 사망 위험이 2배 높게 나타난다.

한국인의 암 사망 분석

통계청이 최근 공개한 '2017년 사망통계원인' 보고서에 따르면 우리나라 전체 사망자에서 가장 높은 비율을 차지하는 원인은 단연 암으로 인한 사망이었다. 2017년의 한국인 사망자 수는 28만5534명으로 사망자 통계를 작성하기 시작한 1983년 이후 사망자 수가 가장 많은 것으로 나타났다. 인구 10만 명당 사망자 수를 나타내는 조(粗)사망률은 557.3명으로 2016년보다 7.9명(1.4%) 증가했다. 이처럼 사망자가 증가한 이유는 고령층 인구 비율이 높아졌기 때문이다.

사망 원인별로 보면 암으로 인한 사망이 총 8만320명으로 가장 많아 전체 사망자의 약 27.6%를 차지했다. 전체 사망자의 4분의 1 이상이 암으로 죽는 것이다. 이를 사망률로 환산하면 인구 10만 명당 156.8명이다. 10년 전인 2007년(139.7명)과 비교하면 17% 증가한 수치다. 암을 치료하는 의술이 지속적으로 발달되고 있으며 5

년 이상 암 생존자의 비율도 높아지고 있지만 이처럼 암으로 인한 사망자가 증가하는 것 역시 고령자 증가로 인해 암 발생 자체가 크게 늘었기 때문이다. 암은 DNA의 노화 및 돌연변이와 직결되니 노령 인구가 증가하면 암 발생 및 사망자가 증가하는 것은 필연적이다.

암 종류별로 사망자를 분석했을 때 10년 전에 비해 암의 종류에 따른 사망률은 크게 변했다. 위암·간암·자궁경부암 사망률은 감소한 반면, 대장암·폐암·췌장암·유방암·전립선암 사망률은 증가했다. 위암의 경우 2007년 인구 10만 명당 21.6명에서 2017년 15.7명으로 크게 줄었다. 조기검진의 확대와 내시경을 이용한 제거술의 발달 때문으로 분석된다. 간암 역시 같은 기간 22.8명에서 20.9명으로 줄었다. 자궁경부암은 2명에서 1.7명으로 감소했다.

반면 폐암은 29.2명에서 35.1명으로 20.2% 늘었다. 대장암 역시 13.6명에서 17.1명으로 25.7% 늘었다. 췌장암은 54.8%(7.3명→11.3명), 전립선암은 56.5%(2.3명→3.6명), 유방암은 44.1%(3.4명→4.9명) 증가했다.

남녀별로 따로 분석해 보면 남녀 간에 암으로 인한 사망률엔 큰 차이가 나타났는데 남녀 통틀어 가장 치명적인 암은 폐암이었다. 전체적으로 암으로 인한 사망률은 남성이 191명으로 여성의 117명보다 훨씬 높았으며 그중에서도 위암·간암·폐암·식도암의 경우 남녀 차이가 큰 암으로 나타났다. 그 이유는 남성의 높은 음주와 흡연율 때문으로 보고 있다.

남성에서 사망률이 높은 암을 순서대로 보면 폐암(51.9명), 간암(31.2명), 위암(20.2명), 대장암(19.6명), 췌장암(11.6명), 전립선암(7.1명), 식도암(5명), 백혈병(4.1명)등의 순이었다. 반면 여성은 폐암(18.4명), 대장암(14.6명), 위암(11.2명), 췌장암(10.9명), 간암(10.7명), 유방암(9.7명), 자궁경부암(3.4명), 백혈병(3.1명) 순으로 나타나 남성과 상당한 차이를 보인다[괄호 안의 수치는 인구 10만 명당 사망자 수임].

간암 사망률은 남성 31.2명, 여성 10.7명으로 2.9배 차이가 났다. 폐암은 남성 51.9명, 여성 18.4명으로 2.8배 차이였다. 위암 사망률은 남성이 20.2명, 여성이 11.2명으로 1.8배 차이가 났다. 특히 식도암의 경우 전체 사망자 수는 많지 않지만 남성 사망률(5명)이 여성 사망률(0.5명)보다 10배나 높았다. 반면, 대장암과 췌장암은 남녀 차이가 크지 않았다.

연령별로 분석해 보면 30대는 위암, 40~50대는 간암, 60대 이상은 폐암으로 인한 사망률이 가장 높았다. 30대의 경우 위암(2.2명), 유방암(2명), 간암(1.6명) 순이었다. 40대는 간암(7.5명), 유방암(5.7명), 위암(5.6명) 순이었다. 30~40대는 유방암 사망률이 높은데, 이는 한국·일본에서 유독 젊은 유방암 환자가 많이 관찰되는 것과 관련이 있다. 유방암은 젊은 여성에서 사망률이 더 높게 나타나는 것으로 알려져 있다.

50대는 간암(27명), 폐암(19.1명), 위암(14.1명) 순이다. 60대는 폐암(73.1명), 간암(49.6명), 대장암(30.2명) 순이었다. 70대부터는 암 사망률이 수

직상승에 가까울 정도로 높아진다. 70대의 경우 폐암(205.2명), 간암(91.5명), 대장암(76.1명) 순이다. 80대는 폐암(344.2명), 대장암(203.9명), 위암(169.9명) 순이다. 70대 이후에 이처럼 암 사망률이 급격하게 높아지는 것은 결국 암이 세포 노화와 면역력 저하 등과 맞물려 있음을 보여주는 결과라 본다.

암 예방

다음은 대한암협회가 권고하는 암 예방을 위한 14가지 권고사항이다.

1. 편식하지 말고 영양분을 골고루 균형 있게 섭취한다.
2. 과일과 황록색 채소를 주로 한 섬유질을 많이 섭취한다.
3. 우유와 된장의 섭취를 권장한다.
4. 비타민 A, C, E를 적당량 섭취한다.
5. 적정 체중을 유지하기 위하여 과식하지 말고 지방분을 적게 먹는다.
6. 너무 짜고 매운 음식과 너무 뜨거운 음식은 피한다.
7. 불에 직접 태우거나 훈제한 생선이나 고기는 피한다.
8. 곰팡이가 생기거나 부패한 음식은 피한다.
9. 술은 과음하거나 자주 마시지 않는다.
10. 담배는 금한다.

11. 태양광선, 특히 자외선에 과다하게 노출되는 것을 피한다.

12. 땀이 날 정도의 적당한 운동을 하되 과로는 피한다.

13. 스트레스를 피하고 기쁜 마음으로 생활한다.

14. 목욕이나 샤워를 자주하여 몸을 청결하게 한다.

이형접합자 우월(Heterozygote advantage)

• • 생존에 불리한 유전병이 도태되어
사라지지 않고 면면히 이어지는 이유는?

사람에게 치명적으로 작용하는 유전병만도 한둘이 아니다. 이런 유전병을 가진 사람은 당연히 생존경쟁에서 절대적으로 불리하며 자신의 유전자를 후대에 남기는 것조차 쉽지 않으므로 생존에 불리한 유전병은 결국 도태되어 사라져야 하는데 왜 사라지지 않을까? 진화에 대해 조금이라도 이해하는 사람이라면 당연히 이런 의구심이 들 것이다. 진화의 기본원리는 적자생존이고 환경에 적응하기 어려운 형질을 가진 개체는 도태되는 게 당연하기 때문이다.

생존에 불리한 유전병이 도태되지 않고 지속된다면 두 가지 이유가 있을 수 있다. 그 하나는 유전병을 가진 개체가 도태되어 사라짐으로써 유전자 빈도가 낮아지는 만큼 새롭게 돌연변이가 형성되어 사라지는 만큼의 빈도를 채워 주는 경우이다. 실제 자연에서는 빈도가 낮기는 하지만 지속적으로 돌연변이가 형성될 수 있으므로 다른 이유가 없다면 새로 형성되는 돌연변이로 인해 그 유전병이 사라지지 않고 지속된다고 볼 수 있다.

또 다른 이유는 그러한 유전병의 유전자가 얼핏 생존에 치명적인 것 같지만 반드시 그런 게 아니고 생존에 유리한 점도 있는 경우이다. 이 경우 대개 유전병이 발현되는 동형접합자에서는 생존에 크게 불리하게 작용하지만 이형접합자의 경우는 오히려 야생형 동형접합자보다 더 유리한 측면이 있어 유전병이 나타나는 동형접합자의 불리함을 상당 부분 상쇄시켜 줄 수도 있다. 이처럼 이형접합자가 동형접합자보다 생존에 유리할 때 이를 이형접합자 우월(Heterozygote advantage)이라 하며 이 경우 이형접합자의 유리한 형질을 초우성(overdominance)이라 부르기도 한다. 초우성은 이형접합자의 표현형이 두 동형접합자의 표현형과 다른 범주에 있으며 우성 및 열성 동형접합자보다 더 높은 생존 적합성을 가지게 된다.

이형접합자가 생존에 유리하다면 다형현상(어떤 표현형이 세 가지 이상으로 존재하는 현상)이 나타나게 되며 결국 유전적 다양성이 증가하는 이유가 되기도 한다. 이형접합자는 유리한 점과 불리한 점을 동시에 가지게 되며 두 동형접합자는 모두 불리한 점을 가지게 된다. 이와 같은 이형접합자 우월성이 나타나는 대표적인 예로는 낫세포빈혈증을 들 수 있으며 그 외에도 여러 가지 유전 형질이 이런 현상을 보이는 것으로 알려져 있다.

때로 어떤 유전자는 두 가지 이상의 형질 발현을 일으키기도 하므로 이 경우 생존에 유리 또는 불리가 보다 복잡해질 수도 있다. 이처럼 하나의 유전자가 두 가지 이상의 형질 발현을 일으키는 것을 다면발현(多面發現, pleiotropism)이라 부르는데, 그 유전자에 의한 형질이 개체에 유리한 형질과 불리한 형질이 될 수 있는 것이다. 이 경우 유리한 점과 불리한 점의 경중에 의하거나 또는 어느 형질이 적응에 더 큰 영향을 미치는지 및 환경 조건에 따라 유리·불리의 정도가 달라져 적응과 생존에 영향을 미치게 될 것이며 결국 환경 등이 유전자 빈도를 평형에 이르게 할 것이다.

이형접합자 우월은 잡종 자손이 보다 강한 생존력을 가지게 되는 소위 잡종강세(heterosis, hybrid vigor)가 나타나게 되는 가장 중요한 기작으로 작용한다. 물론 잡종강세의 요인으로는 상보성(이형접합자가 되어 서로 열성인자를 보완하게 되는 유전 법칙), 야생형 유전자에 의한 유해한 열성 유전자의 차폐효과 등이 함께 작용하지만 초우성도 여기에 작용함은 여러 예에서 확인된 바 있다(Carr and Dudash, 2003; Chen, 2010; Baranwal et al., 2012). 예를 들어 서로 다른 유전자에 돌연변이를 가진 격리된 두 집단이 교배하게 되면 잡종인 F1은 두 유전자 좌위가 모두 이형접합이 되어 유해한 유전자가 열성동형접합이 되는 것을 방지하게 되어 어느 쪽 부모보다도 생존에 더 유리해지는 잡종강세를 보이게 될 것이다.

이형접합자 우월은 사람을 포함한 많은 생물에서 입증된 바 있다. 최초의 실험적 입증은 초파리에서였다. 칼무스(Kalmus, 1945)는 초파리 개체군에서 이형접합자 우월을 통해서 다형현상이 어떻게 유지되는지를 연구했다. 만약 돌연변이 대립유전자의 유일한 영향이 '허약함'이라면 그 유전자는 불리한 것이며 자연선택에 의해 개체군에서 사라질 때까지 차츰 제거될 것이다. 그러나 그 돌연변이가 유리한 점도 함께 있어 이형접합자가 생존에 불리한 점이 전혀 없고 유리한 점만 있다면 보다 향상된 적응력을 보일 것이다. 비록 동형접합자가 아주 건강하다고 하더라도 이형접합자의 유리한 점은 가지지 못하므로 이형접합자보다는 불리한 셈이 되는 것이다. 이 경우 이 돌연변이는 얼핏 유해한 것으로 보이지만 이형접합자 우월로 유전자 풀에서 평형을 유지하며 유전자 빈도도 지속되는 것이다. 칼무스는 초파리 개체군에서 여러 세대에 걸쳐 에보니 대립유전자(ebony allele)의 빈도를 조사했는데 8~30%를 나타냈다. 그런데 이 대립유전자 빈도는 온도가 낮고 건조한 환경에서는 증가했고 따뜻하고 습한 환경에서는 감소하는 것으로 나타나 이 유전자를 가진 개체가 특정 환경에서 유리하며 따라서 유전자 빈도가 평형을 이루게 됨을 확인했다.

사람에서 이형접합자 우월의 예

낫세포빈혈증(sickle-cell anemia)

낫세포빈혈증은 열성유전병으로 적혈구가 산소와 해리하게 되면 정상적인 둥근 모양에서 낫 모양으로 변형되어 모세혈관에서의 흐름이 나빠지며 조직에 대한 산소 공급이 원활하지 못하고 또 적혈구가 조기 파괴되어 나타나는 빈혈증이다. 적절한 치료를 하지 않을 경우 환자는 내부 장기손상, 발작, 빈혈 등을 일으키게 되며 대개 어릴 때 사망하게 된다. 이 유전병은 불완전 열성유전병이며 낫세포빈혈증 유전자를 이형접합으로 하나만 가질 경우는 중간 정도의 표현형을 나타낸다. 즉, 약간의 낫세포빈혈증 증상을 나타내지만 병증이 심각하지는 않다.

만약 부부가 모두 낫세포빈혈증 유전자를 이형접합으로 가진다면, 자식에서는 25%의 확률로 낫세포빈혈증이 나타나게 되며 50%는 이형접합으로 보인자가 되고 나머지 25%는 완전 정상으로 나타나게 될 것이다. 낫세포빈혈증을 일으키는 대립유전자가 살아가는 데 아무런 이점이 없고 빈혈을 일으키는 등 불리하기만 하다면 이 열성유전자는 점차 도태되고 감소하여 결국 사라지게 될 것이다.

그런데 이 유전자를 이형접합으로 가지는 사람은 말라리아가 창궐하는 지역에서는 말라리아에 대한 저항력을 가지므로 절대적으로 유리하게 작용하게 된다. 중부 아프리카와 중동 지역에서 낫

낫세포빈혈증의 유전자 빈도가 높은 지역을 보여주는 지도.

세포빈혈증의 유전자 빈도가 높게 유지되는 것은 이 지역의 높은 말라리아 감염률과 관계가 있다. 말라리아는 모기가 감염을 매개하는 질병으로 사람과 여러 동물에 감염될 수 있다. Plasmodium이라 부르는 단세포 원생동물이 병원충으로 이 병원충이 사람의 적혈구 내에 기생하면 말라리아를 일으키게 된다. 말라리아에 감염되면 10~15일의 잠복기를 거쳐 발열과 피로감, 구토, 두통 등이 일어나게 되며 심할 경우 황달, 발작, 혼수가 나타나고 죽음에 이를 수도 있다. 이 증상은 다시 한 달 후에 나타난다. 병에서 회복된 사람이 다시 감염되면 어느 정도 면역력이 있어 대개 증상이 가볍게 나

말라리아 발생 빈도가 높은 지역을 나타낸 지도.

타나지만 1년 이상 지난 후에 감염되면 대개 이런 면역이 사라져 증상에는 별 차이가 없게 된다(Caraballo, 2014).

모기가 피를 빨 때 사람의 혈관으로 들어온 말라리아 원충은 간으로 이동하여 성숙한 후 증식한다. 사람에게 감염되는 말라리아 원충으로는 5종이 있는데 증상이 심하여 사망에 이르게 하는 원충은 *Plasmodium falciparum*이다. 나머지 *P. vivax, P. ovale, and P. malariae* 등은 증상이 보다 가벼우며 사람에겐 아주 드물지만 *P. knowlesi*에 의한 말라리아도 증상이 가벼운 편이다.

말라리아 원충은 생활주기 중 적혈구 내로 들어가게 되는데 그러면 적혈구의 산소 수준이 떨어지게 된다. 정상 적혈구세포는 말라리아에 감염되더라도 쉽게 파괴되지 않아 말라리아가 증식하기 쉽지만 낫세포빈혈증 돌연변이 유전자를 가진 적혈구세포는 산소 수준이 떨어지면 낫 모양으로 형태가 변하여 파괴되기 쉽고 따라서 순환계에서 제거되므로 다른 적혈구로의 추가적인 감염이 차단된다. 이와 같은 기작으로 이형접합자는 말라리아에 대해 저항성을 가지게 된다. 치명적인 유전병을 일으키는 유전자가 또 다른 치명적인 감염병으로부터 사람의 생명을 지켜주는 셈이니 무척 아이러니한 결과지만 결국 이런 이점이 있으므로 이 유전자는 도태되지 않고 일정한 유전자 빈도를 유지하게 되는 것이다.

아프리카계 미국인의 약 10%는 낫세포빈혈증 보인자이며 그 외 아프리카, 인도, 지중해 및 중동 지역 주민에서는 보인자 비율이 이보다 조금 더 높은 비율로 나타난다. 이렇게 낫세포빈혈증 유전자 빈도가 높은 지역은 모두 말라리아가 창궐하는 지역이다. 현재 효과적인 말라리아 치료약이 개발되어 말라리아에 의한 사망자가 감소하고 있기는 하지만 말라리아는 여전히 아주 위험한 병이다. 그러나 앞으로 치료법이 보다 대중화되고 더 발전하여 말라리아가 더 이상 생명을 위협하는 위험한 병이 아닌 것으로 바뀐다면 이형접합자의 유리한 점도 사라지게 될 것이다. 그렇게 되면 이들 지역에서 낫세포빈혈증의 유전자는 도태되는 쪽으로 작용하여 이전보다 유전자 빈도는 점차 낮아지게 될 것이다.

낭포성섬유증(cystic fibrosis, CF)

낭포성섬유증은 상염색체성 열성유전병으로 폐, 땀샘, 소화관 등에 병변이 나타난다. 기관과 소화관 등의 상피세포막에서 Cl^- 이온의 수송을 조절하는 단백질인 낭포성섬유막관통전달조절단백질(CFTR, cystic fibrosis transmembrane conductance regulator)의 기능부전으로 나타나는 유전병이다. 정상적인 경우 상피세포에서 세포 밖으로 Cl^-이 배출되면 삼투압 차이에 의해 물도 빠져나가므로 세포분비물은 묽은 상태가 된다. 그러나 변이된 단백질은 Cl^-을 배출하지 못하므로 분비물의 농도가 높아져 점착성 점액을 형성하여 세균에 감염되기 쉽다. 또한 세포에서 Cl^-이 제대로 배출되지 않아 땀을 통해 배출되므로 땀의 염분농도가 매우 높아지게 된다. 낭포성섬유증 환자는 이전에는 대개 어릴 때 사망하는 치명적인 유전병이었으나 지금은 치료약의 개발로 성인이 될 때까지 생존 가능하다. 하지만 성인이 되더라도 남성은 불임이 된다. 낭포성섬유증은 특히 백인에서 빈도가 높으며 백인에게 가장 흔한 유전병의 하나이다.

열성유전병이므로 CF 돌연변이 유전자를 하나만 가지는 경우 큰 문제가 없으며 오히려 소화기 질환에 감염되어 설사로 체액 소실이 일어날 경우 이를 완화해 주므로 생존에 유리하게 작용한다. 대표적인 소화기 전염병인 콜레라의 경우 오랜 기간 동안 인류를 괴롭혀 왔으며 많은 사망자를 발생시켰는데 CF 이형접합자는 콜레라에 감염되었을 때 증상 완화로 사망률을 감소시켜 준다. CF 이형접합자는 또한 장티푸스 감염 시에도 탈수를 감소시켜 증상 완화 효과를 나타나게 해 준다(Josefson, 1998).

그런데 CF 이형접합자가 소화기에 감염되는 전염병에 대해 저항성을 증가시킨다는 생각은 오랫동안 정설로 받아들여져 왔으나 최근 이에 대한 반론도 제시되었다. Högenauer 등(2000)은 이런 소화기 전염병에서 이 유전자의 보인자와 정상 동형접합자 간에 유의한 차이를 발견할 수가 없었다고 보고하여 논쟁에 불을 붙였다. 과연 이 보고가 확실한지는 앞으로 좀 더 연구되어야 할 것으로 보인다.

유럽인에서 CF 유전자 빈도가 매우 높은 것은 폐결핵에 대한 저항성 때문이라는 설명도 있다. 폐결핵은 1600년부터 1900년까지 유럽인 사망 원인의 20%를 차지할 정도로 치명적인 병이었다. 따라서 이형접합자에게 어느 정도만이라도 보호 작용을 한다면 높은 유전자 빈도의 원인이 될 수 있을 것이다.

현재로서는 낭포성섬유증의 높은 유전자 빈도의 정확한 이유는 확실치 않아 보인다. 어쨌거나 유럽인의 경우 25명 중 1명 정도가 낭포성섬유증의 보인자이며 신생아 2,500~3,000명당 1명꼴로 낭포성섬유증에 걸리게 되므로 유해한 유전자 빈도 치고는 아주 높은 편이므로 실체가 아직 밝혀지지 않은 어떤 이형접합자 우월이 존재할 가능성도 있어 보인다.

삼탄당인산염 이성체화효소 결핍증(triosephosphate isomerase deficiency)

삼탄당인산염 이성체화효소는 세포 내 해당 과정에서 핵심적 역할을 하는 효소이다. 이 효소에 돌연변이가 생겨 이량체 형성에 문제가 생기면 삼탄당인산염 이성체화효소 결핍증이라는 희귀 유전병에 걸리게 된다. 이 효소가 완전히 불활성화되는 돌연변이 동형접합자는 치사되지만 이형접합자의 경우는 부정적 영향이 나타나지 않는다. 그런데 이형접합자 빈도는 기대수준보다 훨씬 높게 나타나므로 아마도 이형접합자 우월이 존재하는 것으로 추정되고 있다. 이유는 아직 명확하지 않지만 이형접합자는 활성산소에 의한 스트레스에 대해 저항성이 있는 것이 아닌가 추정하고 있다(Ralser et al., 2006).

C형 간염바이러스 감염에 대한 저항성(resistance to hepatitis C virus infection)

HLA-DRB1 유전자는 사람의 class II 조직적합성 항원의 하나인 DRB1 베타 사슬을 만드는 유전자이다. class II 조직적합성 항원 분자는 알파 사슬과 베타 사슬로 구성된 이종이량체(異種二量體)로 세포막에 고착되어 있다. 이들은 세포 밖에서 온 단백질에서 유래된 펩티드를 노출시켜 보조 T 세포에 알림으로써 면역반응에서 핵심적인 역할을 수행한다.

C형 간염바이러스에 감염된 사람을 조사하면 HLA-DRB1 유전자를 이형접합으로 가지고 있는 사람의 비율이 비감염자에 비해 현저하게 낮게 나타난다. 이와 같은 결과는 이 유전자를 이형접합으로 가질 때 C형 간염바이러스 감염에 대해 저항성이 증가하기 때문으로 보고 있다(Hraber et al., 2007).

주요조직적합성복합체(MHC, major histocompatibility complex) 이형접합성과 사람의 후각 선호도

주요조직적합성복합체는 자기세포와 비자기세포(非自己細胞)를 구별하여 비자기세포를 면역반응으로 파괴하는 데 핵심적인 역할을 하는 유전자 그룹이다. 이중(二重) 블라인드 실험으로 여성이 어떤 남성을 더 선호하는지 조사한 결과 여성은 주요조직적합성복합체 좌위 세 곳이 모두 이형접합인 남성의 체취를 더 선호하는 것으로 나타났다(Rikowski and Grammer, 1999; Thornhill et al., 2013). 이와 같은 결과는 아마도 MHC 좌위가 이형접합이 되면 보다 많은 대립유전자를 가지게 되어 다양한 병원균에 대해 훨씬 더 많은 종류의 항체를 생산할 수 있어 생존에 유리하게 작용하며 그 결과 생존율이 증가하게 되기 때문이라고 보고 있다. 이러한 주장은 MHC 좌위를 이형접합으로 가지는 생쥐를 대상으로 실험한 결과 실제로 이형접합자가 다양한 균주의 감염에 대해 보다 높은 건강 상태와 생존율을 보이는 것으로 나타나 신빙성이 있음을 보여 주었다(Penn et al., 2002).

B 림프구 활성화 인자(B-cell activating factor, BAFF)와 자기면역 병(autoimmune disease)

B 림프구 활성화 인자는 TNFSF13B 유전자에 의해 만들어지는 단백질로 시토킨의 일종이다. 이 유전자의 일부분이 결실되는 변이를 일으키면 전사되는 mRNA 길이가 짧아지고 그 결과 microRNA에 의한 분해를 회피하게 된다. 분해가 빨리 되지 않으면 BAFF의 발현이 증가하는 결과를 초래하며 면역반응이 과잉으로 활성화된다. 이와 같은 면역반응 과잉 활성화는 전신성홍반성낭창(全身性紅斑性狼瘡, systemic lupus erythematosus), 다발성경화증(多發性硬化症, multiple sclerosis) 등의 자기면역 병을 일으킬 수 있다.

전신성홍반성낭창은 인체 면역반응이 자신의 조직을 공격하여 나타나는 자기면역 병으로 흔히 관절이 붓고 열이 나며 가슴 통증, 탈모, 림프절 부종, 피로감, 안면 홍조 등의 증상이 나타난다. 다발성경화증은 뇌와 척수에서 신경축삭을 감싸고 있는 절연체인 수초가 손상되어 나타나는 자기면역 병이다. 증상은 신경계 각 기관의 소통을 어렵게 하여 육체적, 심적 및 정신적 문제를 일으키게 된다. 구체적 증상으로는 복시(複視), 한쪽 눈의 시력상실, 근육쇠약, 감각이상, 조절능력 상실 등 매우 다양하게 나타나게 된다. 발병 원인은 면역계에 의한 수초의 파괴나 수초 생산 세포의 기능상실에서 비롯되는데 유전적인 요인으로 일어나기도 하고 바이러스 감염이 원인이 되기도 하는 것으로 보고 있다.

전신성홍반성낭창과 다발성경화증은 모두 치료가 매우 어려운 고통스런 난치병이다. 그러나 이런 치명적인 질병을 야기할 수 있는 TNFSF13B 유전자의 이형접합 보인자는 말라리아 감염에 대해 저항성을 가진다(Steri M, et al., 2017). 동형접합자는 심각한 자기면역 병으로 고통 받지만 이형접합자는 치명적인 말라리아에 대해 면역능력이 증가하므로 오히려 생존에 유리한 조건이 되는 것이다. 결국 이러한 이형접합자 우월성은 이 유해한 유전자의 빈도를 유지시키는 쪽으로 작용하게 된다.

미토콘드리아 DNA의 비밀

••보즈워드 전투에서 전사한
영국 왕 리처드 3세의 주검 이야기

2012년 영국 언론이 떠들썩한 사건이 있었다. 한때 그레이프리어 성당(Greyfriars Church)이 있던 곳에서 주차장 공사를 하던 중 유골 1구가 발굴되었는데 영국 왕 리처드 3세의 유골로 추정된다는 것이었다. 유골이 리처드 3세일 가능성이 점쳐졌던 것은 성인 남성의 것이었고 척추측만증을 가진 것으로 나타났으며 또 척추에 화살촉이 박혀 있었고 두부에 심한 부상 흔적이 있었기 때문이었다. 유골을 감식한 법의학자는 두개골의 일부가 날카로운 무기로 잘려 나가 뇌가 노출되었을 것으로 추정했으며 그 부상이 유골 주인공의 직접 사인이 되었을 것으로 추정했다.

그러나 리처드 3세가 생전에 척추측만증을 가졌었고 또 반란군과의 전투에서 패하여 전사했다는 기록은 전하지만 그의 무덤이 이

리처드 3세 유골 발굴 당시 모습.

곳에 있다는 기록은 전하는 게 없어 이 유골이 리처드 3세의 것인지 확인하기는 쉽지 않은 일이었다.

리처드 3세(Richard III, 1452 -1485)는 잉글랜드 왕으로 1483년 즉위하여 보즈워스 전투에서 패배하여 죽을 때까지 3년 2개월의 짧은 기간 군림했던 인물이다. 그가 왕이 된 과정도 순탄치 않고 극적이었다. 리처드 3세의 형이자 잉글랜드 왕이던 에드워드 4세가 1483년 4월에 사망하자 왕의 장자인 12세의 에드워드 5세가 왕위계승권자가 되었다. 에드워드 5세는 1483년 6월 22일 대관식을 가질 예정이었으나 대관식이 있기 전 그의 부모가 중혼한 이유로 혼인이 무효

화되고 따라서 왕위계승권자인 에드워드 5세도 사생아로 인정되어 왕위계승을 할 수 없게 되었다. 결국 리처드 3세가 합법적인 왕위계승권자로 인정되어 왕위를 물려받게 되었다. 처음 왕위계승권자로 지명되었던 전왕의 아들과 또 다른 아들인 리처드는 그 후 행방이 묘연해졌는데 리처드 3세가 죽였다는 주장도 있지만 확실한 기록은 전하지 않는다고 한다.

리처드 3세는 재위 중 두 차례의 큰 반란을 겪었다. 첫 번째는 등극 첫해 10월에 있었던 에드워드 4세 지지자들의 반란이었는데 곧 진압되었다. 첫 번째 반란이 진압된 후 2년 만인 1485년 8월엔 헨리 튜더(Henry Tudor)와 그의 숙부 야스퍼 튜더(Jasper Tudor)가 반란을 일으켰다. 헨리 튜더는 프랑스 부대를 이끌고 웨일즈 남부에 상륙한 후 고향인 펨브로크셔로 진군하면서 병사를 모집했다. 그의 부대는 레스터셔의 보즈워스(Bosworth) 들판에서 리처드의 군대와 맞붙었다. 당시 군세는 헨리 튜더의 병력이 6,000명 수준이고 리처드 3세의 병력이 8,000명 수준으로 왕의 군대가 병력 면에서 우세했다. 그러나 리처드 편에 섰던 로드 스탠리(Lord Stanley)의 배반으로 리처드 3세는 타격을 입게 되었다. 그럼에도 리처드 3세는 기병대를 이끌고 용감하게 전투를 직접 지휘하며 싸워 헨리 튜더를 한때 궁지에 몰기도 했다. 최전선에서 전투를 치르던 리처드 3세는 혼전 중 적의 포위망에 갇혔고 전마가 수렁에 빠져 헤어나지 못하는 동안 공격을 받고 사망하게 되었다고 한다. 당시 리처드 3세의 나이는 33

세였다. 반란을 일으키고 전투를 이끈 헨리 튜더는 결국 왕위를 차지하여 헨리 7세로 등극하게 되었다.

전쟁이 끝난 후 리처드의 유해는 레스터로 보내졌고 장례식 없이 처리되었다. 그 후 500여 년간 리처드의 무덤은 잊혔고 사람들은 그의 시신이 강물에 던져진 것으로 알고 있었다.

세간에서는 이렇게 사라졌던 왕의 유골이 500여 년 만에 발견된 게 아닌가 하는 기대가 컸다. 유골이 리처드 3세의 것인지를 확인할 방법은 DNA 감식밖에 없었다. 500여 년 된 유골에서 DNA를 추출하여 분석하는 것은 어렵지 않으나 문제는 직계 후손이나 방계 후손이 있어야 DNA를 대조하여 신원을 확인할 수 있다는 점이었다.

다행히 2004년 영국의 역사학자 애시다운 힐(John Ashdown-Hill)이 리처드 3세의 누이인 앤의 가계를 조사하여 2차 세계대전 후 영국에서 캐나다로 이주한 조이 입센(Joy Ibsen)이 16대 모계 후손임을 확인한 바 있었다. 조이 입센은 2008년 사망했으나 그녀의 아들인 마이클 입센이 살아 있어 리처드 3세의 유골 여부를 확인할 수 있는 미토콘드리아 DNA를 확보할 수 있었다. 분석 결과 마이클 입센과 발굴된 유골의 미토콘드리아 DNA는 동일 모계임이 확인되었다(Boswell, 2012: Burns, 2013). 발굴된 유골이 추정했던 대로 리처드 3세의 유골임이 틀림없음을 보여 주는 명백한 증거였다.

그러면 미토콘드리아 DNA로 어떻게 동일 모계 여부를 확인할 수 있을까? 생물의 핵 내에 있는 DNA는 세대를 거칠 때마다 부모의 유전자가 계속 절반씩 섞이게 된다. 다시 말해 정자와 난자가 수정되는 과정에서 부계와 모계의 염색체가 반반씩 섞여 다음 세대의 염색체를 구성하게 되는 것이다. 따라서 오랜 세월이 지난 유골을 어떤 후손과 혈연관계가 있는지 여부를 이 핵 DNA로 판별하기는 매우 어렵다. 그런데 핵 밖에도 소량의 DNA가 존재하는데 바로 미토콘드리아 DNA와 식물의 엽록체에 존재하는 DNA이다.

미토콘드리아와 엽록체는 모두 세포질에 존재하는 기관으로 이들 기관에는 자체 DNA가 존재하며 핵 DNA와는 별도로 복제되어 딸세포에 그대로 전달되는 것이다. 미토콘드리아와 엽록체 DNA는 세포질에 있으므로 다음 세대로 전달될 때 모계유전(母系遺傳)을 한다. 다시 말해 미토콘드리아 DNA는 아버지의 것은 자식에게 전달되지 않으며 오직 어머니의 것만 자식에게 전달되는 것이다. 정자와 난자가 수정될 때 정자는 핵만 제공하며 난자는 핵과 세포질을 동시에 제공하기 때문에 일어나는 유전현상인 것이다. 따라서 같은 어머니의 후손이라면 몇 백 년의 세월이 지났던 미토콘드리아 DNA는 그대로 전달되어 같은 모계의 후손 여부를 판별할 수 있는 것이다.

2012년 발견된 리처드의 유골에는 11군데서 부상 흔적이 있는 것으로 나타났는데 그중 두부 부상이 8곳이었다. 역사가들의 기록에 의하면 보즈워스 전투 당시 리처드 3세의 말은 진창에 빠졌는데 이때 머리에 강력한 공격을 받고 왕의 투구가 벗겨졌다고 한다. 두부에 8곳이나 부상을 입었다는 것은 투구가 없는 상태에서 추가적인 공격을 받았기 때문으로 추정된다. 그중 가장 심각한 부상은 머리 뒷부분에 입은 것이었는데 아마도 창이나 도검 등에 의한 강력한 공격으로 두개골 일부가 떨어져 나가는 치명적인 부상을 입었던 것으로 보고 있다. 왕위계승권자인 어린 조카를 제치고 왕위에 오른 지 불과 3년여 만에 비극적 최후를 마쳤으니 어쩌면 무리한 욕심이 부른 참화요 인과응보라고 해야 할지 모르겠다. 리처드 3세는 전투에서 사망한 마지막 영국 왕으로 기록되어 있다.

리처드 3세의 유골임이 확인된 후 유골을 어디에 안치할 것인지 논란이 있었으나 결국 2015년 3월에 레스터 대성당에 다시 묻혔다.

DNA 프로파일링(DNA profiling)

• • 범죄현장의 만능 해결사

DNA 프로파일링의 방법과 실례

만약 DNA 프로파일과 CCTV, 휴대폰 통화와 문자 내역 같은 강력한 무기가 없다면 경찰은 어떻게 범인을 잡을 수 있을까 싶을 정도로 이들 첨단 기술과 기기는 요즘 범죄 현장에서 사건 해결의 중요한 열쇠가 되고 있다. 심지어 오래전에 발생하여 미제로 남아 있던 살인 사건이나 성범죄 사건이 범인의 추가적인 범죄로 DNA 프로파일을 채취하게 되어 DNA 대조만으로 간단히 미제 사건의 범인으로 확인되어 사건이 해결되는 경우도 종종 발생하고 있다. 범죄 수사에서만 유용한 게 아니다. 이전엔 친자관계 등이 본인이 아니라고 잡아떼면 입증하기가 쉽지 않았지만 이제는 DNA 검사로 아주 간단하고 또 정확하게 확인할 수 있게 되어 거짓말이 통할 수 없게 되었다.

물론 이의 어두운 그림자도 있다. 수십 년간 자기 자식인 줄 알고 애지중지 길렀는데 장성한 후에야 뒤늦게 친자가 아니라는 것이 밝혀져 절망에 빠지고 심적 고통에 시달리는 뻐꾸기 아버지의 예도 더 이상 드라마나 영화의 스토리가 아니며 이로 말미암아 한 가정이 통째로 파탄에 이르는 예도 적지 않다. 이런 경우는 과학의 발달이 우리 사회에 드리우는 어두운 면이라 해야 할 것 같기도 하고 '모르는 게 약'이란 옛말이 딱 들어맞는 것 같기도 하여 과학의 발달이 마냥 좋기만 한 것은 아니라는 생각이 들기도 한다.

DNA 프로파일링은 이전엔 주로 DNA 지문(fingerprinting)이라고 불러 왔는데 개인의 DNA를 분석하여 특정인 여부를 확인하는 방법을 말한다. 범죄 조사에서 흔히 법의학적 기술로 용의자의 DNA 자료와 비교하여 동일인 여부를 확인하는 데 사용되며 또한 친자관계 확인과 의학적 및 유전학적 연구에도 이용된다. 최근에는 야생동물이나 식물 및 농업에서 개체군의 유전적 분석에도 이용되고 있다.

사람의 DNA 염기서열은 서로 다른 사람 간에도 99.9%는 동일하지만 개인 간의 차이 또한 뚜렷이 존재한다. 단지 예외적으로 일란성 쌍생아에서는 서로 동일하여 구별이 불가능하다. DNA 프로파일링은 개인 간에 서로 다양하게 나타나는 반복서열을 이용하는데 이런 반복서열을 사본수다양성직렬반복부위(variable number tandem repeats, VNTR)라 부른다. 사본수다양성직렬반복부위 중 특히 많이 이용하는 부위는 짧은 직렬반복부위(short tandem repeats, STR)이다.

DNA 프로파일링을 위해서는 DNA를 가지는 샘플을 분석하게 되는데 대개 구강상피세포, 혈액, 타액, 정액, 모근, 질 상피 또는 각종 조직 등이 이용될 수 있으며 때로 칫솔이나 면도칼에 묻은 적은 양의 세포에서 DNA를 추출하여 분석에 이용하기도 한다.

여러 가지 DNA 프로파일링 기법에서 기본적으로 사용되는 방법 몇 가지를 그 원리와 함께 소개한다. 또 DNA 분석도 자칫 부주의하면 오류에 빠질 수도 있음을 보여 주는 구체적인 예를 들어 본다.

┃제한효소길이단편 분석(RFLP analysis)

먼저 세포에서 DNA를 추출한 후 제한효소를 사용하여 작은 토막으로 나눈다. 나누어진 DNA 조각은 전기영동으로 크기별로 분리한다. 전기영동으로 분리된 DNA는 서던 블롯(Southern blot)이란 방법으로 니트로셀룰로스 필터로 옮긴다. 필터로 옮겨진 DNA를 변성시켜(온도를 높여 DNA 이중나선을 단일가닥으로 분리하는 것) 방사성동위원소로 표지한 탐침을 첨가하여 탐침과 상보적인 서열을 찾아낸다. 이렇게 찾아낸 반복서열은 개인에 따라 길이가 서로 다르게 나타나므로 사본수다양성직렬반복부위라 부르며 범인 확인, 친자 확인 등에 이용될 수 있는 것이다. 탐침분자는 반복서열을 가지는 상보적인 DNA 단편과 결합하는데 결합하지 않고 남은 분자는 물로 씻어 제거한다. 그런 다음 탐침과 결합된 DNA를 X-ray 필름에 노출시키면 탐침에서 방사선을 내어 필름을 감광시키므로 찾아낼 수 있게 된다.

┃중합효소연쇄반응(Polymerase chain reaction, PCR)

중합효소연쇄반응은 1983년 K. Mullis가 처음 개발한 기술로 적은 양의 DNA를 복제하는 방식으로 무한정으로 그 양을 증가시키는 기술이다(Saiki, R. et al.,1988). 이 기술이 개발됨으로써 아주 적은 양의 DNA로부터 분석에 사용할 수 있을 정도로 충분한 양의 DNA를 만들 수 있게 되어 DNA분석 기술에 일대 전기를 이루게 되었다. 그 방법은 우선 DNA를 가열하여 두 가닥으로 변성시킨 후 짧은 개시용 올리고뉴클레오티드 두 분자를 첨가하여 분리된 DNA 단일가닥에 각기 결합시킨다. 그런 후 복제효소와 DNA 복제의 전구체인 뉴클레오티드를 첨가하여 복제가 일어나게 한다. 그러면 DNA는 애초의 한 분자에서 두 분자로 증가하게 된다. 복제가 끝나면 다시 DNA를 가열하여 두 가닥씩으로 변성시킨 후 같은 과정을 반복하게 되며 한 번의 사이클이 끝날 때마다 DNA는 2배씩 증가하게 된다. 이 전 과정이 자동화된 일관공정으로 일어나게 하면 빠른 시간 내에 DNA가 대량으로 증식하게 되는 것이다. 현재 대략 2시간이면 DNA양을 수백만 배 이상으로 증폭시킬 수 있게 되었다.

| 짧은 직렬반복부위 분석(STR analysis)

요즘 주로 사용되는 DNA 분석법으로는 PCR을 기반으로 하여 STR을 분석하는 방법을 쓴다. 이 방법은 매우 높은 다양성을 가진 짧은 반복서열[대개 4 염기 반복부위를 사용하지만 3 염기나 5 염기 분석을 이용하기도 함]을 분석하므로 근연 관계가 아닌 사람 간에는 반복부위가 거의 다르게 나타난다. 이들 STR 좌위는 서열 특이적 프라이머를 사용하여 PCR로 DNA를 증폭한 후 변성시켜 전기영동으로 탐지하게 된다. 가장 많이 사용되는 변성 및 탐지법으로는 모세관 전기영동법(capillary electrophoresis, CE)과 겔 전기영동법(gel electrophoresis)이다. 각각의 STR은 개체에 따라 매우 다양하게 나타나는 다형을 보이지만 대립유전자의 수는 적어 각각의 STR 대립유전자는 5~20%의 사람들이 공유하게 된다. 따라서 DNA로 사람을 특정하려면 여러 STR 좌위를 분석하여 비교해야 한다. 여러 좌위를 동시에 분석할 수 있으므로 빠른 시간 내에 사람을 특정할 수 있게 되는 것이다. 더 많은 STR 좌위를 비교할수록 더 정확한 특정이 가능해지게 된다.

그러나 실제 DNA 분석에서는 오염으로 인한 오류가 종종 발생할 수 있으므로 샘플을 따로 나누어 여러 차례 분석해야 한다. 때로는 나누어진 샘플 모두가 오염되어 오류를 일으키는 경우도 있으므로 이를 가장 주의해야 한다.

| 증폭단편길이다형 분석(AmpFLP, Amplified fragment length polymorphism)

증폭단편 길이 다형분석은 DNA샘플을 증폭하기 위해 PCR을 사용하는 방법으로 RFLP보다 빨리 분석할 수 있다는 장점이 있다. 대개 VNTR 다형을 분석하여 여러 대립 유전자들을 폴리아크릴아미드 겔에 분리하게 된다. 겔 상의 밴드는 은염색법으로 식별할 수 있게 된다. AmpFLP법 역시 고도의 자동화 시스템으로 수행될 수 있으며 보존 상태가 나쁘거나 양이 극도로 적은 DNA의 경우 신뢰성이 떨어질 수 있는 단점이 있으나 비교적 비용이 적게 들기 때문에 저개발국에서 많이 이용되는 방법이기도 하다.

| DNA에 의한 가족 관계 분석

사람의 모든 세포는 똑같은 DNA를 가지고 있는데 그 절반은 아버지로부터 나머지 절반은 어머니로부터 받은 것이다. 따라서 어떤 세포를 조사하더라도 DNA는 같은 결과를 보인다. 구강 상피세포를 채취하기 쉬우므로 대개 면봉으로 입안의 볼을 살살 문질러 구강상피세포를 채취하여 DNA 검사를 하지만 혈액이나 정액 또는 다른 조직 세포를 이용해도 된다.

부자관계 등을 조사할 때는 짧은 직렬반복부위를 이용하는데 이런 부분이 개인 간의 반복 차이가 커서 식별이 쉽기 때문이다. 이런 식별 마커는 개인마다 둘씩 존재하는데 하나는 아버지로부터 다른 하나는 어머니로부터 받은 것이다. 이 두 마커 중 하나는 아버지에게서 발견되어야 부자관계가 성립될 수 있으며 하나도 없다면 부자관계가 아닌 것이다. 물론 여러 곳의 마커를 조사하므로 일치하는 마커는 여럿 나오게 되어 우연히 일치되어 오류를 일으키는 것을 배제하게 된다.

만약 할아버지나 할머니와 손자 관계가 존재하는지는 어떻게 할까? 손자는 할아버지와 할머니의 DNA를 각기 25%씩 물려받아 공유한다. 따라서 조손(祖孫)간에는 동일 마커가 존재할 확률이 부자간보다 절반으로 낮아지지만 여전히 동일 마커를 공유하게 되므로 이 또한 같은 방법으로 분석 가능하지만 좀 더 많은 마커를 분석할 필요가 있게 된다.

Y-염색체 분석(Y-chromosome analysis)

Y-염색체는 아버지로부터 아들에게만 전달된다. 따라서 동일 부계인지 여부를 판별하는 데는 유용하지만 사람을 특정 하는 데는 한계가 있을 수 있다. 왜냐하면 동일 부계의 자손은 다수 존재할 수 있기 때문이다. 그러나 오래된 남성 유골과 현존인 남성이 혈연관계인지를 따질 때는 Y-염색체 분석이 가장 손쉬운 방법이 될 수 있다.

미토콘드리아 DNA(mitochondrial DNA, mtDNA) 분석

오래 되어 보존 상태가 좋지 않은 샘플의 경우 핵 DNA의 분석이 어려운 경우가 있다. 핵 내에는 단 두 세트의 DNA밖에 없기 때문이다. 반면 미토콘드리아 DNA는 여러 카피 있으므로 이런 경우 분석할 수 있을 정도로 남아 있을 확률이 보다 높아진다. 미토콘드리아 DNA는 모계를 통해서만 유전되므로 같은 모계의 후손인지를 판별하는 중요한 수단으로 사용된다. 대개 HV1과 HV2 부위를 증폭하여 뉴클레오티드 서열을 비교 분석하게 되는데 둘 이상의 뉴클레오티드 차이를 보이면 혈연관계가 아닌 것으로 판정한다. mtDNA 분석으로 최근 영국 리처드 3세의 유골이 500여 년 만에 왕의 유골로 확인된 바 있어 화제를 모은 바 있다. 또 자신이 러시아 로마노프 왕가의 공주인 아나스타샤라고 주장하여 전 세계적인 관심을 끌었던 안나 앤더슨도 그녀의 사후 mtDNA 분석 결과 사실이 아님이 명백하게 밝혀지기도 했다. mtDNA는 몸의 여러 조직은 물론이고 모근이나 뼈, 치아 등에서도 얻을 수 있어 오래된 유골도 분석 가능하다.

DNA 프로파일의 실제 예

| DNA에 의해 최초로 유죄가 인정된 강간 살인범, 콜린 피치포크 사건

1983년 11월 영국 레스터셔주의 나르보로(Narborough)에 사는 15세

소녀 린다 만(Lynda Mann)은 친구 집에 가려고 집을 나선 후 실종되었다. 수색에 나선 경찰은 이튿날 아침 사람들이 잘 다니지 않는 작은 길에서 성폭행 당한 후 목 졸려 죽은 소녀를 발견했다. 경찰은 당시 막 활용하게 된 과학수사기법을 사용하여 소녀의 몸에서 검출된 정액에서 A형 혈액형과 특정 효소 프로파일을 얻었는데 이 효소 프로파일은 남성의 10%에서만 나타나는 것이었다. 그 외 수사에 도움이 될 만한 다른 단서는 없었다.

그러나 경찰의 집중적인 수사에도 불구하고 사건 해결은 진전이 없어 미궁 속으로 빠지고 말았다. 사건이 해결되지 않고 미제로 남아 있는 상태에서 2년 반이 지난 1986년 7월 31일, 첫 사건이 발생한 나르보로에서 조금 북쪽의 이웃 마을인 엔더비(Enderby)에서 또 다른 15세 소녀 돈 애쉬워드(Dawn Ashworth)가 평소와는 다른 지름길로 집으로 돌아가다가 실종되었다. 이틀 후 부근의 숲 속에서 그녀의 시신이 발견되었는데 구타당한 후 성폭행 당하고 목 졸려 살해된 정황이 나타났다. 경찰은 2년 반 전의 린다 만 살해 사건과 동일한 범행수법에 주목했는데 피해자 몸에서 발견된 정액 검사 결과 또한 당시 범인과 동일 인물로 나타났다.

유력한 용의자는 17세의 리처드 버크랜드(Richard Buckland)였다. 그는 애쉬워드의 시신을 처음 발견하여 신고한 사람으로 약간의 지적장애를 가지고 있었다. 경찰의 집요한 추궁에 버크랜드는 마침내 애쉬워드를 성폭행하고 목 졸라 죽였다고 자백하게 되었다. 그러나 버크랜드는 린다를 성폭행하고 살해한 첫 번째 사건은 한사코 자기가 저지르지 않았으며 모르는 일이라고 부인했다. 요즘 같으면 DNA 검사로 단번에 혐의가 입증되거나 무혐의로 밝혀져 석방되거나 하겠지만 당시는 DNA 프로파일링이 막 시도되던 때이므로 버크랜드의 유무죄 입증은 간단한 일이 아니었다.

한편 1985년 레스터 대학의 유전학자인 알렉 제프리(Alec Jeffrey)가 영국 과학수사국(Forensic Science Service)의 피터 길(Peter Gill) 및 데이브 워렛(Dave Werret)과 함께 DNA 프로파일 기술을 개발했다. 이들은 여성의 질 속에서 정액을 검출했을 때 정자를 질 상피세포와 분리하는 기술을 개발하여 DNA 분석을 용이하게 할 수 있었다. 이 기술을 이용하여 제프리는 두 살인 사건의 희생자에서 검출한 정액을 용의자인 버크랜드의 혈액 샘플에서 얻은 DNA와 비교한 결과 두 살인 사건의 범인은 동일인으로 나타났으나 버크랜드와는 일치하지 않았다. 버크랜드는 혐의가 없음이 명백해진 것이었다. 이로써 버크랜드는 DNA 지문에 의해 범죄 혐의가 벗겨진 최초의 인물이 되었다.

2건의 연쇄 성폭행 살인 사건이 해결되지 않고 답보 상태에 빠지자 지역 주민들의 불안은 절정에 달했고 언론은 경찰의 무능을 질타했다. 궁지에 몰린 경찰은 FSS와 함께 지역 주민의 자발적 혈액 및 타액 검사를 유도하여 범인을 찾아보기로 했다. 소위 말하는 투망식 조사를 시도한 것이었다. 6개월에 걸쳐 5,500명 이상의 주민이 DNA 조사에 응했다. 그러나 그렇게 힘들게 많은 사람을 조사했으나 범행 현장에서 발견된 DNA와 일치하는 사람은 없었다. 물론 전 주민을 강제 조사할 수는 없으므로 범인은 이 조사에 응하지 않을 가능성이 높을 것이다. 그러나 결국 응하지 않은 사람이 소수로 남게 되면 의심을 받게 될 것이고 수사망을 압축하는 효과도 생기기는 하겠지만 엄청난 시간과 비용을 들인 조사에서 성과가 나타나지 않자 경찰은 허탈하지 않을 수 없었다.

그러던 중 1987년 8월 1일, 제과점 직원인 이안 켈리(Ian Kelly)가 친구들과 술집에서 술을 마시면서 자신이 제과점 동료인 피치포크(Colin Pitchfork) 대신 그의 이름으로 혈액검사를 받았다는 사실을 털어놓고 있었다. 피치포크는 켈리에게 자신은 이전에 절도죄를 저지른 적이 있는 친구의 부탁으로 친구 대신 혈액검사를 해 주었기 때문에 자신의 혈액검사를 받을 수 없다고 하면서 켈리더러 대신 혈액검사를 받아 달라고 부탁했다는 것이었다. 이런 내용을 우연히 엿들은 여성이 경찰에 이를 신고했다.

피치포크는 경찰에 체포되었고 결국 두 소녀를 성폭행하고 살해한 사실을 자백했다. DNA 검사 또한 완벽하게 일치했다. 투망식 DNA 조사는 다른 사람의 이름으로 거짓 검사를 받는 등 허점이 많았던 셈이지만 어쨌거나 그 조사가 문제 해결의 실마리가 되어 범인이 검거된 것이다.

1988년, 법정은 범행 현장에서 발견된 DNA 지문의 증거 능력을 인정하여 그에게 종신형을 선고했다. 이 사건으로 피치포크는 DNA 지문에 의해 혐의가 입증되고 유죄가 선고된 전 세계 최초의 범인으로 기록되었다. 종신형 선고 당시 최소 28년 이상 수형해야 가석방이 가능하도록 선고받은 피치포크는 2016년과 2018년 가석방을 신청했으나 이를 심의한 가석방 위원회는 두 번 모두 기각했다. 그는 2020년 다시 가석방을 신청할 수 있다.

DNA 검사의 오류

❙ 사악한 의사, 존 슈네버거 사건

존 슈네버거(John Schneeberger, 1961~)는 남아프리카공화국 출신의 내과의사로 1987년 캐나다로 이주하여 병원에 근무하던 중 자신의 환자에게 진정제를 투여하여 성폭행하고는 자신의 의학 지식과 기술을 이용하여 교묘히 DNA 검사를 회피하여 법망을 벗어났던 사건의 당사자이다(Swank, 2014). 그는 1991년 리자 딜만과 결혼했는데 리자는 전남편과의 사이에 아들과 딸을 둔 여성이었다. 슈네버거는 딜만과 사이에 딸 둘을 낳았고 1993년에는 캐나다 시민권을 얻었다.

사건은 1992년 10월 31일 밤에 일어났다. 슈네버거는 자신이 근무하는 병원 환자인 23세 여성, 캔디스에게 진정제를 투여하고 성폭행을 저질렀다. 그가 사용한 진정제는 강한 기억 상실을 일으키는 약물이었지만 이 여성에게는 완벽히 기억 상실을 일으키지 않아 그녀는 사건의 전말을 기억할 수 있었고 사건 후 경찰에 신고했다. 경찰은 슈네버거의 혈액에서 얻은 DNA를 피해자가 제출한 속옷에서 채취한 정액 DNA와 대조했다. 그러나 그의 DNA와 정액 DNA는 전혀 일치하지 않았다. 그의 결백이 밝혀진 것이었다. 피해 여성은 이를 인정하지 못하고 1993년 경찰에 재조사를 요청했다. 경찰은 결국 피해자 요구에 따라 재조사를 했지만 처음 검사 때와 마찬가지로 DNA는 일치하지 않았고 1994년에 사건은 혐의 없는 것으로 종결되었다.

피해자 캔디스는 여전히 그녀의 기억이 틀림없다고 확신하고 있었다. 경찰을 믿지 못한 그녀는 결국 사설탐정을 고용하여 사건 조사를 의뢰했다. 사설탐정은 몰래 슈네버거의 자동차에 침입하여 모근이 붙은 머리카락에서 DNA 샘플을 얻을 수 있었고 이를 분석 의뢰한 결과 정액 DNA와 일치한다는 결과를 얻었다. 사설탐정이 제시한 증거에 따라 경찰은 결국 세 번째 공식적인 DNA 조사를 했으나 이번에는 채취한 혈액이 너무 적고 또 분석하기에 질적으로 나빠 제대로 분석이 이루어지지 못하고 말았다.

그런 와중에 문제는 엉뚱한 곳에서 또 불거졌다. 슈네버거의 아내 리자는 슈네버거가 그녀와 전남편 사이에서 난 15세 된 딸에게 여러 차례 약을 먹이고 성폭행한 사실을 알게 되었다. 리자의 신고를 받은 경찰은 슈네버거의 네 번째 DNA 검사를 하게 되었다. 이번에는 혈액과 함께 구강상피와 모낭 DNA 검사를 함께 실시했다. 세 번째까지는 경찰을 따돌렸지만 이번에는 달랐다. 세 시료의 DNA 모두 정액 DNA와 일치하는 것으로 나타난 것이다. 슈네버거는 결국 의붓딸과 자신의 환자를 성폭행한 혐의로 재판에 넘겨지게 되었다. 그는 도대체 무슨 수로 누구도 피해 갈 수 없는 정밀한 과학적 검사인 DNA 검사에서 불일치를 만들어 냈을까?

1999년, 재판 과정에서 슈네버거가 DNA 검사를 회피한 정교한 속임수가 백일하에 드러났다. 그는 자신의 팔뚝에 다른 사람의 혈액을 채운 15cm짜리 펜로즈 배농관을 삽입하여 두었던 것이다. 배농관 내의 혈액에는 항응고제를 섞어 넣어 응고되지 않게 하고 채혈 시 이 배농관 안의 다른 사람의 혈액이 채혈되게 하여 DNA 검사를 회피하는 술수를 썼던 것이었다. 하지만 귀신도 속아 넘어갈 그의 교묘한 속임수도 그의 계속된 악행을 끝끝내 숨길 수는 없었던 것이었다. 사실 피해자의 끈질긴 의의 제기가 있었음에도 경찰이 안일하게 혈액검사만 계속한 것에 대해서는 경찰은 입이 열 개라도 할 말이 없게 되었다. 만약에 혈액과 함께 진작 구강상피를 조사하거나 했다면 눈앞의 범인을 번번이 무혐의로 방면하지는 않았을 것이다.

법정은 그에게 강간, 유해물질 투약 등의 혐의를 유죄로 인정하여 징역 6년을 선고했다. 그의 의사면허는 박탈되었고 아내로부터는 이혼 당했다. 그는 4년간 복역 후 2003년 가석방되었다. 하지만 그가 1993년 시민권을 획득할 당시 경찰의 수사를 받고 있다는 사실을 숨기고 불법적으로 시민권을 취득했다는 사실이 밝혀져 캐나다 시민권도 박탈당하고 말았다. 2003년 12월 캐나다 당국은 그의 시민권 박탈과 함께 추방을 명령하여 그는 영주권이 있는 남아공으로 쫓겨나고 말았다. 기발한 방법으로 DNA 검사를 따돌리려 했던 이 무모하고 악랄한 의사 사건은 후에 CBC 등 여러 방송국에서 드라마 소재가 되어 방영되기도 했다.

| 헤일브론(Heilbronn)의 유령 사건

'헤일브론의 유령' 사건 또는 '얼굴 없는 여자 범인' 사건으로 불렸던 이 일련의 사건은 1993년 처음 발생했다. 6건의 살인 사건 중 독일의 헤일브론에서 벌어진 여성 경찰관 마이클 키에즈베터 총격 살해 사건은 2007년 4월 25일 발생했다. 현장에서는 오직 DNA 단서만 확보되었다. 이 DNA는 이 사건 후에도 2009년까지 살인에서 주거 침입까지 다양한 40건의 범죄 현장에서 연쇄적으로 발견되었다. 독일의 경찰관 살해 현장과 오스트리아의 범죄 현장에서 확보된 시료의 mtDNA 분석에 의하면 용의자는 주로 동유럽과 그 인근 러시아 여성에서 발견되는 mtDNA 타입으로 추정되었다. 사건 현장에서 별다른 뚜렷한 단서가 드러나지 않으면서 동일한 DNA가 검출되는 사건이 연이어 발생하자 '유령'이라 부르게 된 것이었다.

'유령'의 실체는 이전부터 뭔가 잘못됐다는 의문이 따르긴 했지만 2009년 3월에야 그 실체가 명백하게 드러났다. 프랑스에서 불에 탄 남성의 시신에서 채취한 DNA에서 예의 그 여자 '유령' 범죄자의 DNA가 나오게 된 것이었다. 남자 시신에서 여자 유령 DNA가 나오는 명백한 오류에서 결국 유령은 존재하지 않으며 DNA 분석을 위한 세포 채취용 면봉의 제조과정에서 오염된 DNA라는 것을 확인하게 된 것이었다. 어처구니없게도 면봉은 멸균된 것이긴 하지만 DNA 검사용으로 적합한 제품이 아니었던 것이다. 그 면봉들은 모두 오스트리아의 한 공장에서 생산된 것으로 그 공장에서는 의문의 mtDNA 타입과 일치하는 다수의 동유럽 여성을 고용하고 있었다. 이처럼 DNA 프로파일은 아차 잘못하면 오염된 제3자의 DNA를 분석하게 되어 오류와 혼동을 줄 수도 있으므로 그 과정이 세심하게 관리되고 철저해야만 된다는 것을 다시 한 번 일깨운 사건이 되었다.

한편 이 일련의 범죄 사건 중 가장 큰 주목을 받았던 헤일브론의 여자 경찰관 살해 사건은 사건 발생 18년이 지난 2011년에야 극우단체인 신-나치주의자의 테러에 의한 것으로 밝혀졌다.

가족 DNA 데이터베이스 추적(Familial DNA searching)

가족 DNA 데이터베이스 추적이란 범행 현장에서 나온 DNA 증거가 축적되어 있는 DNA 데이터베이스 중 정확히 일치하지는 않더라도 상당히 강한 유사성을 보이는 샘플이 있을 경우 이를 단서로 범인을 추적하는 탐색법이다(Frederick et al., 2006). 아무런 단서도 없는 사건의 경우 수사관은 사건 현장의 DNA 프로파일을 축적된 범죄자 DNA 데이터베이스와 컴퓨터 프로그램으로 비교 분석하여 비슷한 프로파일이 있는지 찾게 된다. 만약 용의자가 남자라면 Y-STR(Y 염색체의 STR) 분석으로 대상자를 최소한으로 축소할 수 있게 된다. 표준 탐색 기법으로 분석된 프로파일을 바탕으로 가계도를 만들고 그중에서 범죄 혐의가 없는 사람을 차례로 배제해 나가게 된다. 아울러 다른 단서를 함께 고려하기도 하고 또 목격자의 증언 등을 참고하여 용의자를 압축하게 된다. 용의자의 압축이 가능해지면 최종적으로 용의자의 DNA를 채취하여 사건 현장의 DNA와 비교하여 용의자를 특정할 수 있는 기술이다.

❙ 리넷 화이트 살해 사건

가족 DNA 데이터베이스 추적 방법으로 처음 해결된 사건은 1988년 2월에 영국 웨일즈에서 일어난 21세 여성 리넷 화이트 살해 사건이었다. 화이트는 일찍부터 매춘에 종사했던 여성으로 목이 거의 잘릴 정도로 심하게 신체가 훼손되고 또 온 몸이 흉기에 찔리는 등 잔혹하게 살해되어 큰 충격을 주었다. 그녀의 몸과 속옷에서는 남성의 정액이 검출되었는데 무정자증 정액이었고 혈액형은 AB형으로 나타났다. 경찰은 이 사건의 범인으로 흑인과 혼혈인 등 5명을 체포하여 기소했는데 1심에서는 이들 중 3명에게 유죄가 인정되어 종신형이 언도되었으나 상급 법원에서는 경찰의 불법적인 수사 등을 이유로 전원 무죄가 선고되었고 용의자들은 방면되었다. 법원의 무죄 판결에도 이들을 범인으로 단정했던 경찰은 다른 용의자 수사에 나서지 않았다. 그러나 결국 경찰의 증거 조작 등이 불거져 이 사건은 살인 사건 외에도 경찰의 불법 행위에 대한 비난 여론으로 큰 사회적 파장을 불러일으키게 되었다.

사건이 발생한 지 10년도 더 지난 2000년에 추가적인 조사로 새로운 혈흔이 발견되어 DNA 프로파일을 확보했으나 영국 내 확보된 DNA 데이터베이스의 어떤 DNA도 일치하는 것이 없었다. 10년이 지나도록 살인 사건을 해결하지 못하고 미궁 속에 빠져 있던 경찰은 2002년 새로 도입된 DNA 수사기법인 가족 DNA 데이터베이스 추적 방법을 시도해 보기로 했다. 이 방법은 딱 들어맞지는 않지만 유사한 DNA 프로파일로부터 그 가족이나 친척들의 DNA를 추적하여 범인을 특정 짓는 기술이다. 그 결과 14세 된 소년의 DNA가 리넷 화이트 살인사건 현장에서 확보된 DNA 프로파일과 비슷함을 발견했다. 그 살인 사건이 일어났을 때 이 소년은 세상에 태어나지도 않았을 때였지만 이 DNA 프로파일을 바탕으로 소년의 가족과 친척들을 추적한 경찰은 이듬해 2월에 소년의 삼촌인 제프리 가푸어(Jeffrey Gafoor)를 화이트 살해범으로 체포할 수 있었다. 체포된 제프리 가푸어의 DNA는 살인 사건 현장에서 발견된 DNA와 정확히 일치했다. 법정은 그에게 화이트 살해 혐의에 대해 유죄를 인정하고 종신형을 선고했다.

2004년엔 수사 과정에서 부당하게 증거를 조작하여 엉뚱한 사람을 기소한 당시 경찰관들 다수에 대한 조사가 진행되어 이들도 추후 기소되어 법의 심판을 받기도 했다. DNA 프로파일이 범인 검거에도 결정적 역할을 하지만 누명을 쓴 억울한 용의자의 혐의를 벗기는 데도 결정적인 역할을 한다는 것을 다시금 일깨운 경우였다.

| 크레이그 하만(Craig Harman) 사건

가족 DNA 데이터베이스 추적으로 범인을 체포한 또 다른 예를 들어 보자. 2003년 3월 영국의 어떤 자동차 도로 위의 고가 다리 위에서 누군가가 달리는 화물 트럭을 향해 벽돌을 던졌다. 자동차 도로를 달리던 53세의 화물 트럭 기사 마이클 리틀(Michael Little)은 트럭 유리창을 깨고 갑자기 날아든 벽돌에 가슴을 맞고 말았다. 그는 가슴을 맞은 충격으로 심장마비가 오는 위급한 상태에서도 또 다른 사고를 막기 위해 가까스로 차량을 갓길에 세울 수 있었지만 그 자리에서 결국 사망하고 말았다.

경찰은 던져진 벽돌에 묻은 공격자의 혈액에서 DNA 프로파일을 얻을 수 있었지만 영국 내 등록된 DNA 데이터베이스에는 일치하는 DNA 프로파일이 없었다. 영국 국립 DNA 데이터베이스 센터에는 250만 명의 전과자와 범죄 용의자 DNA가 저장되어 있지만 범죄를 저지른 적이 없는 사람의 DNA 데이터는 저장되어 있지 않기 때문이다.

영국 과학수사국(FSS, Forensic Science Service)과 경찰은 가족 DNA 데이터베이스 추적 방법을 사용하여 용의자와 가까운 친척의 DNA가 데이터베이스에 있는지 찾아보기로 했다. 용케 유사한 DNA 프로파일을 찾을 수 있었는데 20개의 마커 중 16개 마커가 벽돌에서 발견된 DNA와 일치하는 것으로 나타났다. 서로 혈연관계가 아닌 두 사람의 DNA를 비교하면 대개 20개 마커 중 6~7개 수준에서 일치하는데 16개가 일치한다는 것은 혈연관계를 의미하는 것이다. 여기서 단서를 얻은 경찰은 그의 가족과 주변 인물을 조사한 결과 그에게 형제가 있음을 확인했고 그를 용의자로 올렸는데 거주지가 사건 현장에서 가깝다는 것도 경찰의 의심을 사기에 충분한 것이었다. 용의자 크레이그 하만(Craig Harman)은 경찰의 DNA검사 요구에 순순히 응했고 검사 결과 DNA가 완벽히 일치하는 것으로 나타났다. 처음에 잡아떼던 그는 DNA가 일치하는 것으로 나타나자 결국 술에 취해 벽돌을 던졌다고 자백했다.

그는 재판 결과 유죄가 인정되어 징역 6년형을 선고받았다. 무고한 사람을 죽음으로 몰고 간 어처구니없는 사건은 자칫 미궁으로 빠질 수 있었으나 가족 DNA 데이터베이스 추적법이라는 새로운 기술로 사건을 해결할 수 있게 되었던 것이다(Bhattacharya, 2004).

| '골든 스테이트 킬러' 사건

2018년 4월 25일 미국 새크라멘토 경찰은 1970~80년대 10년 동안 미국 캘리포니아 주 일대에서 10여 건의 살인과 50여 건의 강간 그리고 120건이 넘는 강도행각을 벌였던 악명 높은 연쇄살인강간범을 마지막 사건이 발생한 지 42년 만에 드디어 체포했다고 발표했다. 잔인하고 끔찍한 범죄를 장기간에 걸쳐 연이어 저질렀음에도 오리무중으로 범인이 잡히지 않아 미국 범죄 역사상 최악의 미제 사건 중 하나로 꼽혔던 범죄였다. 범인은 '골든 스테이트(미국 캘리포니아주 별칭) 킬러', '동부 지역 강간범', '오리지널 나이트 스토커' 등의 별명으로 불리며 오랜 기간 동안 미국 캘리포니아 일대를 공포에 떨게 했던 사람의 탈을 쓴 악마였다.

체포된 범인은 72세의 제임스 드앤젤로(Joseph James DeAngelo)로 한때 해군으로 복무했으며 경찰관으로 근무한 적이 있었다. 그는 1986년의 마지막 범행 이후에는 40여 년간 트럭 정비공으로 일하며 평범한 이웃으로 살면서 경찰의 눈을 피해 왔다. 그의 이력을 보면 왜 잔혹한 살인 강간범이 되었는지 도저히 이해되지 않을 정도로 그는 평범한 사회 구성원이었다. 그는 대학에서 범죄학을 공부하여 1973년 5월에 경찰관이 되었다. 1979년에 경찰에서 파면되었는데 사소한 절도가 발각되어 집행유예를 선고받았기 때문이었다. 1973년 11월에 결혼하여 3명의 딸을 낳았고 부인은 1982년에 변호사가 되었으며 부인과는 1991년에 이혼했다.

처음에는 여성 혼자 사는 집에 들어가 성폭행, 강도행각을 저질렀던 그는 나중에는 아이나 남편이 있는 집에도 대담하게 침입하여 범죄를 저질렀다. 강간 피해자는 13세에서 42세 사이의 여성이었다. 그는 피해자의 사소한 일상까지 사전에 파악하고 장갑과 마스크 등을 사용하는 등 범행수법이 매우 치밀하여 범죄와 관련된 증거물들을 거의 남기지 않아 오랜 범죄행각에도 잡히지 않았다. 또한 피해자를 가학적으로 다루고 극도의 공포심을 일으키게 한 데다가 무참히 살해하는 등 극도로 잔인한 범죄자의 모습을 보여 일대에 엄청난 공포와 충격을 주었던 인물이었다. 그가 한창 범죄행각을 저지를 당시에 범죄 인근 지역에서는 자물쇠란 자물쇠는 모두 동이 날 정도였고, 사람들이 스스로를 지키기 위해 일대에서 6,000정 이상의 총기가 팔려나갔다고 하니 지역 사회의 공포가 얼마나 컸는지 알 수 있다. 워낙 많은 범죄를 저지른 데다 일부는 동일범이라는 증거가 명백하지 않지만 경찰은 드앤젤로가 13명을 살해하고, 50여 건의 성폭행을 저질렀으며, 120여 건의 강도 행각을 벌였던 것으로 보고 있다.

세상의 주목을 받은 그의 첫 번째 범죄는 새크라멘토에서의 강간 사건으로 1976년 6월에 일어났으며 당시 그는 현직 경찰관 신분이었다. 그 후 새크라멘토를 중심으로 인근 San Joaquin, Stanislaus, Yolo 및 Contra Costa County 등에서도 범죄를 저질렀다. 그러나 그의 실제 첫 범죄는 1975년 클로드 스넬링 교수를 총으로 쏴 숨지게 한 사건으로 이 사건은 애초에 '비살리아 약탈자'로 불린 강도의 소행인 것으로 추정해 왔었지만 드앤젤로의 체포 후 그의 소행임이 드러나게 되었다. 드앤젤로는 경찰관 신분이던 당시 스넬링 교수의 딸을 납치하려다 그와 마주치자 그를 쏘고 달아난 것으로 조사됐다.

두 번째 살인 사건은 1978년 2월 2일에 일어났는데, 희생자는 새크라멘토에서 살고 있던 브라이언 부부(Brian and Katie Maggiore)로 브라이언은 공군 헌병이었다. 이들은 동부 지역 강간 사건이 여러 차례 일어났던 지역 인근에서 개를 데리고 산책하고 있었는데 거리에서 시비가 붙었고 이를 피해 도망쳤지만 범인은 이들을 추격하여 총으로 살해했던 사건이었다.

1979년 10월에 '동부 지역 강간범'은 캘리포니아 남부 지역으로 이동하여 산타바버라에서 사건을 저질렀으며 범죄는 1981년까지 이어졌다. 이때부터는 강간으로 끝나는 것이 아니고 피해자를 권총으로 쏘거나 잔인하게 흉기로 가격하여 살해하기 시작하는 등 더욱 잔혹한 양상을 보였다. 경찰은 처음에는 '동부 지역 강간범'과 동일범인 줄 몰랐으며 경찰과 언론으로부터 '오리지널 나이트 스토커'란 별명으로 불리게 되었다.

드앤젤로는 극악한 강간죄를 수없이 저질렀지만 강간죄로는 기소되지 않았는데 대부분이 공소시효가 지났기 때문이었다. 그러나 13건의 살인 사건과 함께 13건의 불법 감금 혐의로 기소되었다. 언론과 법조인들은 드앤젤로에게 사형 또는 가석방 없는 종신형이 선고될 것으로 전망하고 있다.

수십 년 전의 범죄행각이 이 사건처럼 해결된 것은 미국에서도 이례적인 일로 받아들여지고 있다. 하지만 경찰은 용의자로 드앤젤로를 특정하게 된 과정 등에 대해서는 범죄자의 역이용이나 추후 범죄 수사를 고려한 듯 별도로 언급하지 않았다.

그러나 일부 언론에 그를 체포하게 된 과정이 대략적으로 소개되었는데 친족 DNA 데이터베이스를 이용한 것으로 알려졌다. 과정이 어렵고 시간이 많이 걸리지만 이전의 가족 DNA 데이터베이스보다 훨씬 광범위한 먼 친척 DNA에서도 범인을 추적할 수 있음을 보여 준 수사기법이라 할 수 있다.

드앤젤로가 용의선상에 오르게 된 것은 체포 4개월 전 살인범의 DNA 프로파일을 개인 유전체 웹 사이트인 GEDmatch에 올려 대조하게 된 것이 시발점이었다. 그 결과 이 웹 사이트에서 '골든 스테이트 살인범'과 먼 친척 관계의 사람을 확인할 수 있었다. 여기서 먼 친척 관계라 함은 5대조가 같은 가계의 후손 정도로 이와 관련된 사람을 모두 찾아내어 추적하는 일은 결코 만만한 일이 아니었다. 아마 우리나라처럼 족보가 있었다면 일목요연하게 보다 쉽게 모든 친척들의 리스트를 확인하여 용의자를 압축할 수도 있겠지만 족보가 없는 광활한 미국 사회에서는 사실 건초더미에서 바늘 찾기만큼이나 어려운 일이었다.

5명의 수사관으로 추적 팀을 꾸려 유전자 분석 전문가인 Barbara Rae-Venter와 함께 우선 가계도 작성과 추적에 착수했다. 그 과정에서 범죄자와 비슷한 연령대의 인물 100명 정도를 압축할 수 있었다. 이들을 연고지가 멀거나 혐의가 없는 사람을 차례로 배제하여 최종적으로 2명의 인물을 용의 선상에 올렸는데 1명은 친척의 DNA를 확인한 결과 맞지 않아 배제되었다.

남은 1명이 드앤젤로였다. 경찰은 드앤젤로의 DNA를 확보하기 위해 기회를 엿보던 중 4월 18일 자동차 손잡이에서 가까스로 드앤젤로의 DNA 채취에 성공했고 뒤이어 그의 집 쓰레기통에서 다시 한 번 DNA 샘플 채취에 성공했다. 두 DNA 샘플 모두 그동안 축적된 강간 살인 사건의 DNA 프로파일과 완전히 일치하는 것으로 나타났다. 그렇게 오랫동안 악마와 같은 잔혹한 범죄를 저지른 한 범죄자가 확인된 순간이었다. DNA 프로파일로 범인임이 확인되자 경찰은 그를 자택에서 체포했는데 드앤젤로는 '오븐에서 음식을 굽고 있으니 잠시 기다려라'고 할 정도로 태연하고 뻔뻔했다고 한다.

세계적인 과학저널 〈사이언스〉는 2018년 한 해 동안 과학계에서 주목받았던 '2018 과학 이슈' 10가지를 뽑아 발표했는데, 공개

된 DNA 데이터베이스를 활용해 '골든 스테이트 살인범'을 사건 발생 42년 만에 체포한 추적 기술 또한 이 주목할 과학계 소식 중 하나로 포함시켰다.

참고문헌

- Ansell, P. J. et al. (2004). In vitro and in vivo regulation of antioxidant response element-dependent gene expression by estrogens. Endocrinology. 145 (1): 311–7.

- Baranwal VK, Mikkilineni V, Zehr UB, Tyagi AK, Kapoor S (2012). Heterosis: emerging ideas about hybrid vigour. J. Exp. Bot. 63 (18): 6309–14.

- Barber, J. R.; Conner, W. E. (2007). Acoustic mimicry in a predator prey interaction. Proceedings of the National Academy of Sciences of the United States of America. 104 (22): 9331–9334.

- Belous AR, et al. (2007). Cytochrome P450 1B1-mediated estrogen metabolism results in estrogen-deoxyribonucleoside adduct formation. Cancer Research. 67 (2): 812–7.

- Bernstein H. et al. (2009). Bile acids as endogenous etiologic agents in gastrointestinal cancer. World Journal of Gastroenterology. 15 (27): 3329–40.

- Bhattacharya, Shaoni (2004). Killer convicted thanks to relative's DNA. Daily News. New Scientist. Retrieved April 17, 2011.open access publication

- Bolton JL, Thatcher GR (2008). Potential mechanisms of estrogen quinone carcinogenesis. Chemical Research in Toxicology. 21 (1): 93–101.

- Boswell, Randy (2012). Canadian family holds genetic key to Richard III puzzle. Postmedia News. Archived from the original on 31 August 2012

- Burns, John F (2013). Bones Under Parking Lot Belonged to Richard III. The New York Times. Retrieved 6 February 2013.

- Caraballo H. (2014). Emergency department management of mosquito-borne illness: Malaria, dengue, and west nile virus. Emergency Medicine Practice. 16 (5).

- Carr DE, Dudash MR (2003). Recent approaches into the genetic basis of inbreeding depression in plants. Philos. Trans. R. Soc. Lond. B Biol. Sci. 358 (1434): 1071–84.

- Casey PM, Cerhan JR, Pruthi S (2008). Oral contraceptive use and risk of breast cancer. Mayo Clinic Proceedings. 83 (1): 86–90;

- Chen ZJ (2010). Molecular mechanisms of polyploidy and hybrid vigor. Trends Plant Sci. 15 (2): 57–71.

- Colditz, Graham A.; Kaphingst, Kimberly A.; Hankinson, Susan E.; Rosner, Bernard (2012). Family history and risk of breast cancer: nurses' health study". Breast Cancer Research and Treatment. 133 (3): 1097–1104.

- Daya-Grosjean, L.. Sarasin, A. (2005). The role of UV induced lesions in skin carcinogenesis: an overview of oncogene and tumor suppressor gene modifications in xeroderma pigmentosum skin tumors. Mutation Research. 571 (1-2): 43–56.

- Donadon, Valter (2009). Antidiabetic therapy and increased risk of hepatocellular carcinoma in chronic liver disease. World Journal of Gastroenterology. 15 (20): 2506–11.

- Ferlay, J. et al. (2010). Estimates of worldwide burden of cancer in 2008. International Journal of Cancer. 127 (12): 2893–917.

- Frederick, Bieber et al. (2006). Finding Criminals Through DNA of Their Relatives. Science. 312 (5778): 1315–16.

- Gøtzsche PC, Jørgensen KJ (2013). Screening for breast cancer with mammography. The Cochrane Database of Systematic Reviews. 6 (6): CD001877.

- Green, RE et al. (2010). Draft full sequence of Neanderthal Genome. Science. Science Mag. 328: 710–22.

- Green, Richard E. et al. (2006). Analysis of one million base pairs of Neanderthal DNA(PDF). Nature. 444 (7117): 330–36.

- Gunbin, K. V. et al. (2015). The evolution of Homo sapiens denisova and Homo sapiens neanderthalensis miRNA targeting genes in the prenatal and postnatal brain. BMC Genomics. 16: S4.

- Handa O, Naito Y, Yoshikawa T (2011). Redox biology and gastric carcinogenesis: the role of Helicobacter pylori. Redox Report. 16 (1): 1–7.

- Hassan MM et al. (2010). Association of diabetes duration and diabetes treatment with the risk of hepatocellular carcinoma. Cancer. 116 (8): 1938–1946.

- Helmuth H (1998). Body height, body mass and surface area of the Neanderthal. Zeitschrift für Morpho. und Anthropol. 82 (1): 1–12.

- Högenauer C, Santa Ana CA et al. (2000). Active intestinal chloride secretion in human carriers of cystic fibrosis mutations: an evaluation of the hypothesis that heterozygotes have subnormal active intestinal chloride secretion. Am. J. Hum. Genet. 67 (6): 1422–7.

- Hraber P, Kuiken C, Yusim K (2007). Evidence for human leukocyte antigen heterozygote advantage against hepatitis C virus infection. Hepatology. 46 (6): 1713–21.

- Hughes, Bryan G.; Hekimi, Siegfried (2017). Many possible maximum lifespan trajectories. Nature. 546: E8–E9.

- Josefson, Deborah (1998). CF Gene May Protect against Typhoid Fever. British Medical Journal. 316 (7143): 1481.

- Kalmus, H. (1945). Adaptive and selective responses of a population of Drosophila melanogaster containing e and e+ to differences in temperature, humidity, and to selection for development speed. Journal of Genetics. 47: 58–63.

- King, W. (1864). On the Neanderthal Skull, or reasons for believing it to belong to the Clydian Period and to a species different from that represented by man. Report of the British Association for the Advancement of Science, Notices and Abstracts, Newcastle-upon-Tyne, 1863: 81–82.

- Krause, J. et al. (2007). The derived FOXP2 variant of modern humans was shared with Neandertals. Curr. Biol. 17 (21): 1908–12.
- Lederberg, J ; Lederberg, EM (1952) Replica plating and indirect selection of bacterial mutants. J Bacteriol. 63: 399–406.
- Lehmann AR, McGibbon D, Stefanini M (2011). Xeroderma pigmentosum. Orphanet Journal of Rare Diseases. 6: 70.
- Liu, X. (2015). Life equations for the senescence process. Biochemistry and Biophysics Reports. 4: 228–233.
- Luria, S. E.; Delbrück, M. (1943). Mutations of Bacteria from Virus Sensitivity to Virus Resistance. Genetics. 28 (6): 491–511.
- Müller, Fritz (1878). Ueber die Vortheile der Mimicry bei Schmetterlingen. Zoologischer Anzeiger. 1: 54–55.
- Müller, Fritz (1879). Ituna and Thyridia; a remarkable case of mimicry in butterflies. (R. Meldola translation). Proclamations of the Entomological Society of London. 1879: 20–29.
- NIH (2018) Xeroderma pigmentosum. Genetics Home Reference. U.S. Library of Medicine.
- NIH. 2013. What Is Hemophilia?. NHLBI.
- Noonan, James P. et al. (2006). Sequencing and Analysis of Neanderthal Genomic DNA (PDF). Science. 314 (5802):1113–18.
- Ovchinnikov, I. V. et al.(2000). Molecular analysis of Neanderthal DNA from the northern Caucasus. Nature 404: 490–93.
- Penn DJ, Damjanovich K, Potts WK (2002). MHC heterozygosity confers a

selective advantage against multiple-strain infections. Proc. Natl. Acad. Sci. U.S.A. 376 (17): 11260–4.

- Prüfer, Kay et al. (2013). The complete genome sequence of a Neanderthal from the Altai Mountains. Nature. 505: 43–49.

- Ralser, Markus et al. (2006). Janbon, Guilhem, ed. Triose Phosphate Isomerase Deficiency Is Caused by Altered Dimerization–Not Catalytic Inactivity–of the Mutant Enzymes. PLoS ONE. 1 (1): e30.

- Reeder JG, Vogel VG (2008). Breast cancer prevention. Cancer treatment and research. Cancer Treatment and Research. 141: 149–64.

- Rikowski A, Grammer K (1999). Human body odour, symmetry and attractiveness. Proc. Biol. Sci. 266 (1422): 869–74.

- Saiki, R.; Gelfand, D.; Stoffel, S.; Scharf, S.; Higuchi, R.; Horn, G.; Mullis, K.; Erlich, H. (1988). Primer-directed enzymatic amplification of DNA with a thermostable DNA polymerase. Science. 239 (4839): 487–491.

- Siu, Albert L. (2016). Screening for Breast Cancer: U.S. Preventive Services Task Force Recommendation Statement. Annals of Internal Medicine. 164 (4): 279–96.

- Steri M et al. (2017). Overexpression of the Cytokine BAFF and Autoimmunity Risk. New England Journal of Medicine. 46 (17): 1615–26.

- Swank, Morgan (2014). 10 Baffling Forensic Cases That Stumped The Experts- istverse Ltd.

- Than, Ker (2010). Neanderthals, Humans Interbred – First Solid DNA Evidence. National Geographic Society.

- Thornhill R, Gangestad S, Miller R, Scheyd G, McCollough J, Franklin M (2013). Major histocompatibility complex genes, symmetry, and body scent attractiveness in men and women. Behavioral Ecology. 14 (5): 668–678.

- Vernot, B. et al., (2016). Excavating Neandertal and Denisovan DNA from the genomes of Melanesian individuals. Science. 352: 235–39.

- Viviane, S. et al.,, (2018) The genome of the offspring of a Neanderthal mother and a Denisovan father. Nature 561:113–116.

- Yager JD, Davidson NE (2006). "Estrogen carcinogenesis in breast cancer". N Engl J Med. 354 (3): 270–82.

- Yang SF, Chang CW, Wei RJ, Shiue YL, Wang SN, Yeh YT (2014). Involvement of DNA damage response pathways in hepatocellular carcinoma. Biomed Res Int. 2014: 1–18.

- 松浦誠. 山根正氣 (1984) スズメバチ類の比較行動學. 北海島大學圖書刊行會.

- 제주도환경자원연구원 (2010. 3.) 제주지역의 특산식물. 제주특별자치도.

찾아보기

ㅅ

ㅇ

ㅈ

ㅊ

ㅋ

ㅌ

ㅍ

ㅎ

숫자

A

G

H

L

M

N

P

R

S

T

U

X

Y

Z

우리가 몰랐던

유전이야기

초판 1쇄 발행 • 2019년 4월 1일
초판 2쇄 발행 • 2020년 1월 3일

지은이 • 정계준
펴낸이 • 이상경
부　장 • 박현곤
편　집 • 이가람
디자인 • 이희은

펴낸곳 • 경상대학교출판부
주　소 • 경남 진주시 진주대로 501
전　화 • 055) 772-0801(편집), 0802(디자인), 0803(도서 주문)
팩　스 • 055) 772-0809
전자우편 • gspress@gnu.ac.kr
홈페이지 • http://gspress.gnu.ac.kr
페이스북 • https://www.facebook.com/gnupub
블로그 • https://gnubooks.tistory.com
등　록 • 1989년 1월 7일 제16호

• 책값은 뒤표지에 있습니다.

이 도서의 국립중앙도서관 출판시도서목록(CIP)은 서지정보유통지원시스템 홈페이지(http://seoji.nl.go.kr)와 국가자료공동목록시스템(http://www.nl.go.kr/kolisnet)에서 이용하실 수 있습니다.
(CIP제어번호: CIP2019011128)